目 录

致谢

本书所依据的研究，得到了在建筑制造研究中心（Manufacturing Architecture Research Centre）工作的安娜·霍顿（Anna Holden）、约翰·英格利斯（John Inglis）和尼尔·伊文森（Neil Evensen）等人的协助，他们是在伦敦城市大学完成建筑专业学位（RIBA Part 2）课程的学生。诺丁汉大学RIBA Part 3阶段的学生马丁·斯宾塞（Martin Spencer）专门为本书拍摄了照片，并与诺丁汉大学RIBA Part 2阶段的学生罗伯特·阿特金森（Robert Atkinson）合作，为本书绘制了大量插图。迈克尔·斯泰西（Michael Stacey）是诺丁汉大学建筑学教授，同时也是迈克尔·斯泰西建筑事务所的主持人。

作者对此前任职于混凝土中心（The Concrete Centre）的艾伦·海恩斯（Allan Haines）的支持和指导表示感谢。对混凝土中心的盖·汤普森（Guy Thompson）、土木与海洋（Civil and Marine）的艾德里安·阿什比（Adrian Ashby）、休克公司（Schöck Ltd）、迈克尔·柯里尔（Michael Currier）、亚当斯·卡拉·泰勒工程公司（Adams Kara Taylor）的保罗·斯科特（Paul Scott），以及其他对混凝土中心有所贡献的人表示感谢。同时，还要感谢一同组织探访费恩（Fehn）、列维伦茨（Lewerentz）和伍重（Utzon）建筑的格雷厄姆·法梅尔（Graham Farmer），感谢达伦·迪恩（Darren Deane）提供的关于柯布西耶和康的建议，感谢弗朗西斯·斯泰西（Frances Stacey）关于透明的建议，感谢詹姆斯·汤普森（James Thompson）和亚历克斯·拉扎罗（Alex Lazarou）的编辑和排版。

混凝土设计手册

[英] 迈克尔·斯泰西　著
任浩　译

中国建筑工业出版社

序

混凝土的源头可以追溯到最早的用于砌筑拱券的砖石之间起黏结作用的砂浆（Mortar）。及至古罗马时代，火山灰混凝土已非常成熟，因为火山灰很轻的容重，伟大的万神庙得以建成，其诸多建造细节至今仍是未解之谜，但是我们已经可以清晰地看到那时的人们对于材料的理解，如何充分利用材料本性来进行建筑的表达已经抵达过一个理性思考的高峰。

现代意义的混凝土始于1756年约翰·斯密顿（John Smeaton）使用水硬性水泥与骨料和水的混合物建造位于英国普利茅斯的埃迪斯通灯塔（Eddystone Lighthouse）。1824年英国人约瑟夫·阿斯普丁（Joseph Aspdin）申请了“波特兰水泥”的专利，也就是使用至今的硅酸盐水泥。1834年布鲁内尔（Isambard Kingdom Brunel）主持修建的泰晤士河隧道(长396米，埋深23米)首次大规模使用了水泥灌浆技术。1840年和1855年，法国和德国建设了水泥制造厂，之后它在世界各地迅速推广开来，中国的第一座水泥厂则建于1889年的唐山。1861年，法国建筑师弗朗索瓦·夸涅（François Coignet）成立了第一个专门建造铁筋混凝土结构的有限公司。1867年法国花匠莫尼埃(Joseph Monier)申请了一项在混凝土中预埋铁丝网以加强混凝土薄管的专利，并在1867年巴黎世博会上展出了钢筋混凝土制作的小船和花盆。1890年自学成才的法国发明家弗朗索瓦·埃纳比克（Francois Hennebique）获得钢筋混凝土建造方法的垄断权，开始利用木模板进行现场浇筑。而真正将钢筋混凝土的材料与结构带入建筑学意义思考的则是法国建筑师奥古斯特·佩雷（Auguste Perret），佩雷找到了钢筋混凝土框架与前续建筑学的结合点，这才开启了建筑学意义上钢筋混凝土建筑。1903年佩雷设计建成的巴黎富兰克林大街25号公寓是一个建筑学的里程碑，尽管佩雷用面砖把钢筋混凝土的框架结构柱遮蔽，却又用了比较平整的面砖和很多花饰雕刻的面砖将结构柱和填充墙区分开来，这一举动是对于钢筋混凝土结构有意识的表达。如果我们的建筑思考不从对材料本性的把握进入有意识的表现性思考，那么这个材料的意义就可能仍处于工程学之中。

到1930年代，佩雷开始直接暴露钢筋混凝土的框架结构梁柱，比如巴黎市政博物馆，他通过模板赋予混凝土柱子表面以竖线条的凹槽肌理，就像经典的陶立克柱式的柱身一样，但是这些柱子在室内空间里是直上直下、没有柱头的，而室外门廊的柱子又会在柱头处被放大以某种相对抽象纹理的柱式造型，并不是陶立克或爱奥尼样式的柱头，但是会让你产生和它们有关的联想，这个柱头完全是钢筋混凝土用模板现浇出来的。柱外没有覆层，却是覆层的影子。佩雷暴露了材料，也暴露着结构，却仍然呈现了先在性（anteriority）建筑文化的影响。佩雷把基于新材料技术的结构支撑转变为传统建筑文化的携带者，但他的做法并不是简单的模仿。如果比较一下同期的柯布西耶，情况又完全不同。基于新诞生的钢筋混凝土框架结构所带来的空间可能性，柯布提出了多米诺原型并由此展现了新建筑形式的五点，比如因为新结构的可能性可以出现水平向的条形长窗。在建筑史上一段最著名的公案就是柯布与佩雷的横竖窗户之争。柯布曾嘲笑佩雷采用了新结构却还是开着老式的竖向落地窗，但是佩雷却认为传统的法式落地窗是和人的身体相关的，有着人体竖向站立的隐喻。佩雷反对水平的长窗户，因为对他来说，长窗户意味着重大的改变，这种改变是对深深根植于文化当中的价值，尤其是内在经历的质疑。而柯布西耶则不断用他和皮埃尔·让纳雷（Pierre Jeanneret）设计的日内瓦湖畔的小房子的长窗户照片来证明长窗户所能带来的赏心悦目的画面，按照柯布的说法，与传统的窗户相比，长窗户扮演的是室内和室外的协调者的角色，它延展了室内的边界。很明显，佩雷和柯布西耶都有着各自的意图，但在新的材料与结构形式面前，佩雷采取的表现方式是一种谨慎与克制的态度。这不仅引起柯布西耶的强烈攻击，也遭到了好友、法国著名的诗人保罗·瓦莱里（Paul Valéry）的质疑。

瓦莱里曾这样问佩雷："既然混凝土就如同面团，为什么不在你的作品中多用些曲面呢?"

佩雷回答："确实，混凝土就像一个面团，但我们通常使用木材模子来塑造它。建筑挺直的线条可以使木模板反复使用，同时还唤回古代建筑的意义。希腊建筑模仿了木构建筑，而我们使用木材模板，便使这一切都顺其自然。柔曲的模板将耗费巨大，对材料非经济的使用方式将切断通向风格的道路。"

佩雷的固执让他没能及时料到，刚刚发明的钢筋混凝土结构决定了未来一个世纪的建筑面貌。1930年代，混凝土如同面团的性能，已经开始造就一段非同寻常的形与力的结构与建筑的历史，这段历史包括了罗伯特·迈雅（Robert Maillart）、皮埃尔·奈尔维（Pier Luigi Nervi）、埃杜阿多·托罗亚（Eduardo Torroja）、菲利克斯·坎德拉（Felix Candela）、海恩兹·伊斯勒（Heinz Isler）和埃拉迪沃·迪斯特（Eladio Dieste）等人的作品。这些作品均关乎材料性能的极致表达，它让我们一眼就能看出其建筑内外所展现的力、形与几何的关系，建筑的形态几乎就是力的图解，形式可以在建筑的内外同时被阅读，材料的本性与表现性被同时以同一种语言呈现。这可能算是钢筋混凝土材料与结构发展最为辉煌的时期，至今未能被超越。虽然当下数字计算与人工智能的快速发展似乎到了某个技术突破的临界状态，但是与之匹配的理想材料尚未出现，其作用于混凝土所能挖掘的潜力仍然有限。

多样的建筑世界并不仅仅因为材料与结构的艺术才能抵达伟大的境地。同样，这本《混凝土设计手册》也并不仅仅只是提供了多样细致的混凝土建造技术，它所选择的丰富的建筑案例都是现当代建筑的优秀样本。虽然作者并没有试图去分析每一个案例的技术背后的建筑学意图，但是却提供了一个开放的可理解的阅读空间，从而使它能真正成为一本手册，给予查阅手册的人以自由使用的可能。你既可以以自己的方式去理解那些案例，也可以在查阅时不受其干扰，寻找对自己有用的内容，完成自己的创作。在国内的相关混凝土建造的文献中，要么是非常技术性的施工手册或规范，要么是非常理论化的话语论著，任浩翻译的这本由英国皇家建筑学会（RIBA）支持出版的《混凝土设计手册》巧妙地提供了一个从建造技术到建筑作品的桥梁，它也同时暗含了一个有关优秀建筑的标准与品味。

柳亦春

大舍建筑设计事务所　主持建筑师

前言

混凝土是一种非常好的全能型材料。混凝土是优雅的，只需要这一种建筑材料，就可以实现遮蔽、结构、室内外表面、防火、蓄热和隔声等多种功能。正是它直率的特性，以及它的构造方式和良好性能，吸引了从弗兰克·劳埃德·赖特到勒·柯布西耶、路易斯·康、安藤忠雄、大卫·奇普菲尔德、斯维勒·费恩、扎哈·哈迪德、赫尔佐格与德梅隆、SANAA、卡洛·斯卡帕、约翰·伍重、彼得·卒姆托等建筑师——这些人的作品在本书中都有提及。本书探讨了能够产生建筑永恒价值的最新建造技术。很多实例都具有和古代建筑相同的永恒价值，有助于为社会增添象征、功能，甚至诗意。对于可持续建筑来说，历久和坚固仍然是重要的原则。

作者迈克尔·斯泰西教授，将其实践、研究、教学、写作等方面的经验和背景相结合，总结和诠释了混凝土在设计中的作用，并巧妙地将精美的图面效果与通常施工和工程类课本才有的技术细节结合起来。本书是关于混凝土的指导手册，介绍如何以及在何种情况下通过智慧地使用混凝土，建造杰出的建筑。书中的照片和图纸均属本书专有。混凝土中心的积极支持促成了本书的出版。对于学生和从业者而言，这都是一本理想的参考书，既着重介绍了材料的各项优势，也展示了混凝土是如何适应当前社会诸如气候适应性、能源效率和材料效率，以及人类的社会、文化需求等方面的关键诉求的。混凝土首先是社会产品，采用当地资源，支持当地经济。当前，混凝土工业在发展和调整其与可持续性以及21世纪建筑的关系中，已经取得了巨大进步。本书为建筑师提供了职业活动各个阶段所需的信息和灵感，有助于使设计更为适应21世纪以及未来的需要。

本书内容既深入浅出，又可专门用作施工时的指导。在你办公室的笔记本和图板旁边放上一本吧，无论对于在校的建筑系学生还是实践中的建筑师，都有这个必要。

盖·CW·汤普森

（Guy C.W. Thompson），RIBA

建筑与可持续性混凝土中心主管

（Head of Architecture & Sustainability，

the Concrete Centre）

图1.1　菲诺科学中心（Phaeno Science Centre），沃尔夫斯堡（Wolfsburg），德国
建筑设计：扎哈·哈迪德建筑事务所；工程设计：亚当斯·卡拉·泰勒工程公司

第1章　可塑性

“我喜欢让建筑显得有些粗野、活泼，还有质朴。你不用把混凝土弄得过于光滑，或是上涂料、打磨。如果在建造之前就考虑到建筑的光影变化，你只用阳光就可以造就出混凝土多样的色彩和感觉。”

扎哈·哈迪德[1]

混凝土的美，在于其可塑性。它会呈现模具的形状，而且在应用上几乎没有几何上的限制，除了边缘的细节。混凝土还会呈现模具的质感，可以表达出钢模具的光滑，也可以表达出木模具的纹理。在施工现场浇筑的被称为现浇混凝土，如果在工地之外生产的则是预制混凝土，后者具备工厂制造的诸多优势。混凝土的广泛功用来自它的可塑性——有些人甚至称其为液体石头（liquid stone）。高质量的预制混凝土确实可以模仿石材，这在混凝土工业中被称为人造石（artificial stone）。

因为减少了泥瓦匠的手工操作，预制混凝土构件具有良好的性能和细节。混凝土可用于建造一次成型的工程，如埃罗·沙里宁设计的极具表现力的纽约肯尼迪机场，也可以制造标准化产品，如预制混凝土楼板。同时，这种可塑形的材料在探索数字设计潜能的过程中正在得到越来越多的关注，位于德国的菲诺科学中心就是这方面一个有力的实例，该项目由扎哈·哈迪德建筑事务所和亚当斯·卡拉·泰勒工程公司的工程师合作完成。

图1.2　纽约肯尼迪机场（TWA Ferminal），1962年投入使用
建筑设计：埃罗·沙里宁（Eero Saarinen）

图1.3　纽约肯尼迪机场曲面混凝土细部

图1.4　伦敦动物园企鹅池（Regent's Park Zoo）近景
建筑设计：贝特洛·莱伯金（Berthold Lubetkin），Tecton公司
工程设计：奥维·奥雅纳（Ove Arup）

图1.5　伦敦动物园企鹅池中尺度得当的坡道，摄于1934年开馆之时

本章通过20世纪和21世纪的若干实例，简要概述混凝土在当代高水平建筑创作中体现出来的价值。随后的章节将介绍关键技术的机会和局限。本书最后将会对如何在可持续基础上生产混凝土，并对其在可持续建成环境时代的作用进行探讨。

图1.6 小筱宅（Koshino House），芦屋（Ashiya），日本。安藤忠雄具有代表性的光滑的现浇混凝土，精心排布的模板留下了规则的禅缝

混凝土的形状完全取决于其模板或模具。现场浇筑的过程是奇妙的，一个可以感知到的建筑，在模板和结构支撑的协助下逐渐产生。建筑的空间由模具所占据，而空的部分则定义了混凝土的结构（图1.14）。受到柯布西耶等20世纪现代主义建筑师的启发，安藤忠雄认为混凝土能为日本创造出新的建筑，并对其产生了浓厚兴趣。同时，采用木模板也能继续日本在佛寺等传统建筑中运用的木材传统工艺。在1992年伦敦召开的一次关于混凝土的会议上，安藤忠雄曾提到，木匠为他的项目制作的木模板，每6000mm的误差可以达到±1mm。其混凝土的精确性，就来自这样一种文化传承以及对手工艺传统的继续。同样，瑞士建筑师使用混凝土的例子，如彼得·马克利的作品，也呈现了瑞士木工传统技艺的延续。

图1.7 La Congiunta室内日景
建筑设计：彼得 · 马克利（Peter Märkli）

图1.8　奥拉沃桑特礼拜堂（The Chapel in Olavosundet），新海勒桑德（Ny-Hellesund）
建筑设计：斯维勒·费恩

图1.9　奥拉沃桑特礼拜堂室内，新海勒桑德

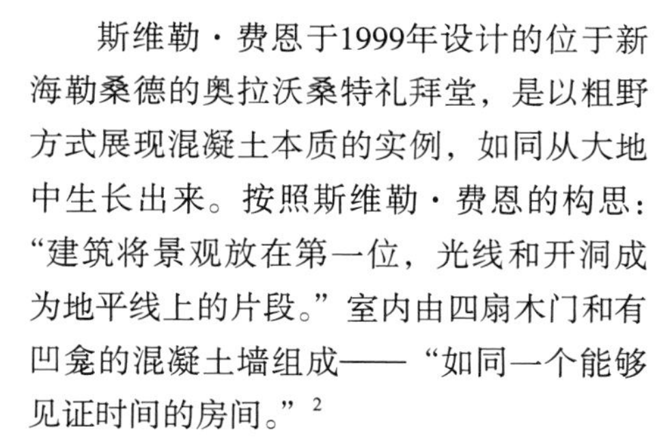

斯维勒·费恩于1999年设计的位于新海勒桑德的奥拉沃桑特礼拜堂，是以粗野方式展现混凝土本质的实例，如同从大地中生长出来。按照斯维勒·费恩的构思："建筑将景观放在第一位，光线和开洞成为地平线上的片段。"室内由四扇木门和有凹龛的混凝土墙组成——"如同一个能够见证时间的房间。"[2]

勒·柯布西耶的朗香教堂中的曲面屋顶，实际上是由直线拟合出来的（图1.16），非常便于用木板制作模板。其重要性在于这样能使模板足够坚固，以承受湿态混凝土的破裂压力，密封严实避免液体渗出。

拆除模板之后还可以对混凝土表面进行装饰，从喷砂处理（grit blasting）到石材和砖瓦可以采用的所有加工技术，详细内容将在本书第4章中介绍。

使用混凝土的优点在于其具有：

- 成形性；
- 鲁棒性（robustness）和耐久性；
- 强度；
- 阻燃性；
- 声阻尼性（acoustic damping qualities）；
- 热质量（thermal mass）；
- 表面和质感的多样性。

图1.10 悉尼歌剧院
建筑设计：约翰 · 伍重
工程设计：奥维 · 奥雅纳

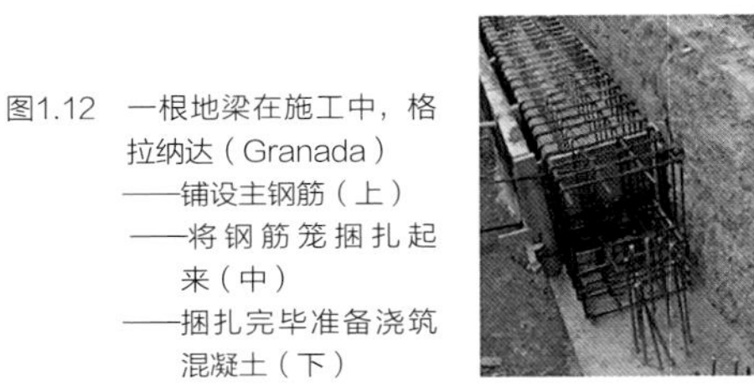

图1.12 一根地梁在施工中，格拉纳达（Granada）
——铺设主钢筋（上）
——将钢筋笼捆扎起来（中）
——捆扎完毕准备浇筑混凝土（下）

图1.11 士兵骑马雕塑，韦奇奥城堡（Castlevecchio），维罗纳（Verona）
建筑设计：卡洛 · 斯卡帕

混凝土可以在当代建造中通过恰当的运用方式，呈现出多种多样的表现力，且无需过多成本。混凝土是一种激进的材料，它可以穿越时代——在埃罗·沙里宁、约翰·伍重和扎哈·哈迪德的手中，它可以非常现代；它也可以唤起对最初使用它的那个年代，将近2000年前的古罗马时期的追忆。[3]卡洛·斯卡帕在维罗纳的韦奇奥城堡的修复（1958～1964年）中，精心运用各种材料，包括混凝土、黄铜和青铜作为新的元素。[4]混凝土在修复中以一种粗犷的方式呈现，其中最特别的是在一根悬挑的现浇混凝土梁上放置了一尊士兵骑马石雕，其年代可以追溯到大约公元1335年。

图1.13 《房子》（从1993年自拆除始）
艺术家：瑞秋 · 怀特雷（Rachel Whiteread）

瑞秋 · 怀特雷1993年的作品《房子》（*House*），由天使艺术（Art Angel）委托并制作，体现出浇筑混凝土充分表现模具细节的能力。怀特雷以一座位于伦敦东区的现有联排住宅为模具，倒出了这个雕塑。

混凝土抗压性能好，而抗拉性能差。只有基础等部分可以直接用混凝土浇筑，被称为无钢筋混凝土（mass concrete），根据土壤条件，有些基础可能需要加固。而如果要建造既抗压又抗拉的构件，就需要增加钢筋。一般采用高强度钢，但在某些有腐蚀风险的地区则需要使用不锈钢。

图1.14 现浇预应力混凝土核心筒模板，菲诺科学中心建造过程中正在为核心筒的现浇预应力混凝土支模板

除了不锈钢钢筋，还可以采用高分子聚合物钢筋，其优点是重量更轻。钢、合成物或玻璃纤维可替代配筋铺设于混凝土之中，增加抗拉强度，具体见本书第8章“纤薄+形式”。如果以重量衡量，在菲诺科学中心结构核心筒的钢筋混凝土中，钢筋要占约6%的重量。而通常情况下，钢筋的比例为2%～5%。相对而言，菲诺科学中心的核心筒在结构中更为重要，且担负着形成建筑空间形态的任务。

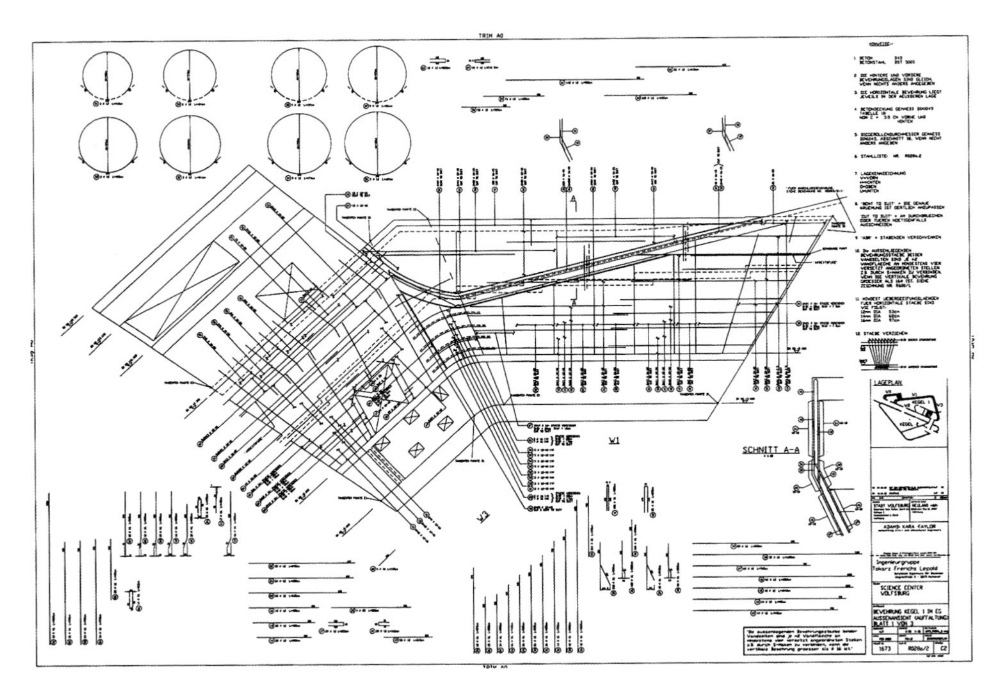

图1.15 亚当斯·卡拉·泰勒工程公司绘制的菲诺科学中心核心筒结构配筋图

适当设计、精心建造的钢筋混凝土，其预期寿命可以长达100年以上，是一种非常持久的建筑材料。在朗香教堂的设计中，柯布西耶声明："我们要在这里建造一座纪念碑，奉献给自然，这是我们生命的目标。"[5]

图1.16　朗香教堂，摄于1955年建成时
建筑设计：勒·柯布西耶

图2.1　耶鲁大学艺术馆
建筑设计：路易斯 · 康

第2章 拌合料

"如果你用混凝土，你就必须知道混凝土的规律。你必须知道它的本质，混凝土努力想要成为什么。混凝土想要成为花岗石，但这可不容易。混凝土里的钢筋扮演着神秘人的角色，让这种融化的石头有不可思议的能力。"

路易斯·康[1]

混凝土技术迄今已有超过四千年的历史。罗马人用碎火山灰岩制造混凝土，这种火山灰岩（volcanic pozzolanic rock）因那不勒斯附近出产凝灰岩的波佐利（Pozzuoli）而得名。火山灰岩的化学成分在适当的温度下可以和氢氧化钙发生反应，产生凝胶状的特性。"混凝土"（concrete）一词就来源于拉丁语的concretus，意味"放到一起"，反映了它是合成物——将各种材料混合到一起，使得整体性能强于组成元素各自性能之和。

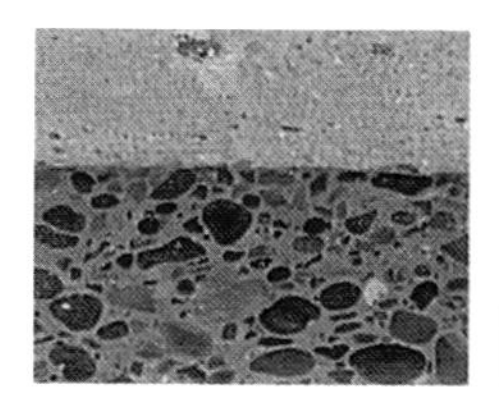

图2.2 混凝土横断面，呈现其组成

混凝土是水泥、砂、骨料和水严格按比例混合而成的。水泥在与水混合时发生化学反应，经过水化反应而逐渐变硬。在固化过程中，存留在水泥中与钙结合的水逐渐蒸发，留下空洞。正确平衡混凝土中水的含量是控制其强度的关键。密度在2250～2400 kg/m^{3}之间，完全固化的混凝土，其质量百分比约为6%的水、14%的水泥和80%的骨料。

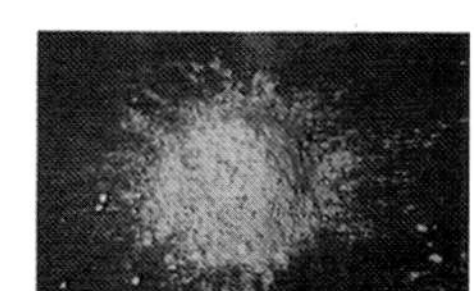

图2.3 混凝土拌合料中的主要材料或成分——水、沙子、骨料、硅酸盐水泥和矿渣

水泥

在当代建设中最常使用的水泥是硅酸盐水泥（Portland cement，也称波特兰水泥）。由约瑟夫·阿斯普丁（Joseph Aspdin）于1824年取得专利。硅酸盐水泥是将磨细的石灰岩或白垩、黏土和沙子混合在一起，在大型回转窑内煅烧至接近熔点（约1450℃）制成。水泥熟料呈现为细粉末状，并加入5%石膏控制其凝固时间。

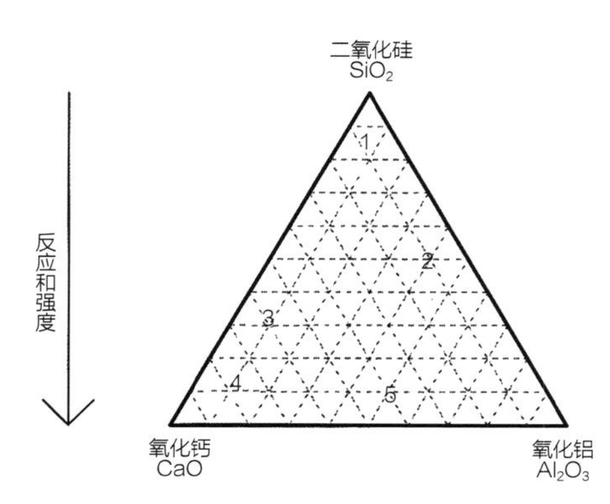

1. 玻璃
2. 粉煤灰
3. 磨细高炉矿渣
4. 硅酸盐水泥
5. 钙铝水泥

图2.4 混凝土的基础化学物质

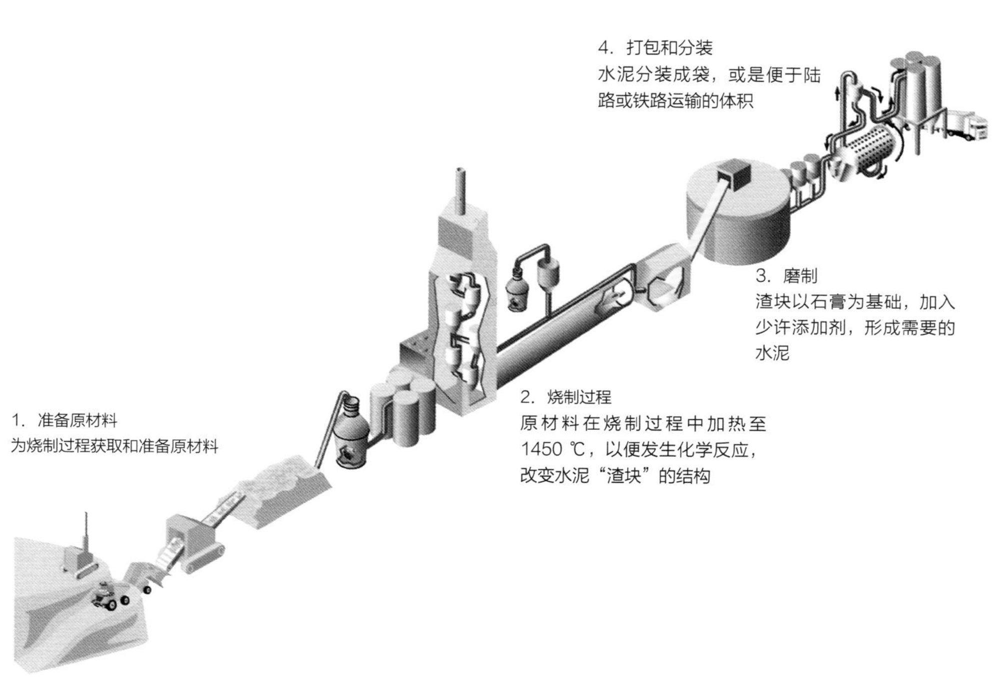

图2.5 图解水泥生产过程

骨料

混凝土内的骨料按照尺寸分类，当然实际上其尺寸都是渐变的。骨料尺寸从0.063～2 mm的沙子，到主要尺寸为2～22 mm的小石子。[2]《BS EN 12620：2002混凝土骨料》(BS EN 12620：2002 *Aggregates for Concrete*)和指导文件《PD 6682-1：2003骨料》(PD 6682-1：2003 *Aggregates*)都对混凝土的骨料提出了要求。单独使用水泥浆会有严重的收缩，混凝土骨料的主要目的是控制收缩，同时也作为相对廉价的填充料。没有沙子的混凝土被称为无砂混凝土(no-fines concrete)，用于砌筑可渗水表面，主要减小铺砌面的雨水径流峰值，是可持续城市排水措施的一个环节。许多种类的石头都可用作骨料；首先需要检测其适配性，以及是否含有会影响硬化和耐久性的有机物质。骨料最主要的性能有：密度、清洁度、含水量、颗粒形状、表面纹理和硬度。使用标准筛对骨料分级，所占比例按重量计。

水

通常，浇筑混凝土使用的是生活用水。优良的拌合料中水和水泥的比例是非常严格的，水泥水化需要的水灰比为1～0.22，为确保可加工性(workability)，标准比例应为1～0.5。由于水汽蒸发而产生的空洞会降低周边混凝土的强度，同时还会使混凝土容易因毛细作用进水而发生冻害，混凝土也因此更容易因收缩而开裂。硬化后的混凝土形成稳定的结构成分组成，其中最为关键的，是要减少水汽蒸发导致的孔隙。如果过早干燥，可能会使得混凝土表面呈松散砂状。

添加剂

拌合料中还需加入化学添加剂，以提高混凝土的可加工性，或改善其性能。添加剂主要可以改变混凝土的以下特性：

- 提高混凝土可加工性，便于施工而不会降低强度；
- 减少混凝土中水的含量，因而提高其强度；
- 加速或减缓混凝土的使用和强度等级；
- 吸收气泡，以阻止冻融循环——通过阻断由水分蒸发形成的毛细管，同时能够降低传热性能，降低U值；
- 减少混凝土硬化过程中的收缩量。

图2.6 威尼斯双年展北欧馆（Nordic Pavillion），1962年
建筑设计：斯维勒·费恩

图2.7 北欧馆1000 mm×600 mm的现浇混凝土梁细部，间距为523 mm，同时兼作遮阳板（brie soleil）

混凝土的颜色

如果没有后期处理，混凝土的颜色是由其拌合料中比例最小的成分决定的：水泥和沙子。如果要制造白色混凝土，就用白色水泥：即带有少量铁的硅酸盐水泥、白色沙子和白色骨料。由带有少量铁的沙子制成的玻璃非常通透，因而通常被称为无色透明玻璃（water white glass）。可以用比沙子还细小的直径为50微米的研磨颗粒（Ground pigment）来调整颜色（第4章将更为详细地介绍混凝土的装饰和色彩）。斯维勒・费恩在1962年“威尼斯双年展”的北欧馆的结构中用了白色混凝土，展现出一种没有影子的北方光感。他特别强调要“白色水泥、白色沙子和磨碎的白色大理石”。[3]他的这一要求和对2000年建成的伊瓦尔・奥森中心（Ivar Aasen Centre）的白色混凝土的规定基本一致。斯维勒・费恩曾与轻型折叠金属底座建筑的先锋人士简・普鲁威（Jean Prouvé）一起工作一年，其影响成为日后他设计的基本元素。斯维勒・费恩对混凝土非常热衷，尤其是在混凝土表面保留木模板的纹理。

水泥替代品

一系列材料都可以替代或与硅酸盐水泥混合运用于混凝土配料中——当然所有的水泥都需要被视为水硬性粘结料。可以替代硅酸盐水泥的主要水泥类材料（cementatious materials）有：

- 火山灰石（pozzolanic rocks）；
- 高炉矿渣（ggbs，ground granulated blastfurnace slag）；
- 粉煤灰；
- 硅粉（silica fume）；
- 钙硫铝酸盐水泥（calcium-sulfoaluminate-based cements）；
- 土聚水泥（geopolymeric cements）；
- 页岩残渣（burnt shale）
- 氧化镁水泥（magnesium-oxide-based cements）；
- 石灰岩粉（即细石灰岩渣）。

寻找硅酸盐水泥替代品的主要原因是减少混凝土的蕴含能量（embodied energy）和蕴含CO_2。蕴含能量是生产一种材料所需的能量，需要计算其从开采到生产全部过程需要的能量。而蕴含CO_2则是生产一种材料所需要的CO_2，可能是由于生产过程或需要的能量产生的——相应产生的温室气体也应考虑在内。第10章提供了蕴含能量和蕴含CO_2的数据。

《BS EN 197-1：2000 水泥》（“BS EN 197-1：2000 *Cement*”，即英国欧盟通用标准2000年颁布实施的《水泥.通用水泥组分、规范和合格标准》——译者注）列举了可在欧洲使用的11类工厂生产的水泥，其中包括含有磨细高炉矿渣和粉煤灰的混合水泥。

更多关于水泥制造和《BS EN 197-1：2000 水泥》的介绍，可以参考大卫・班尼特（David Bennett）的著作《建筑现浇混凝土》（*Architectural Insitu Concrete*）。[4]

《BS EN 197-1：2000 水泥》表1——27种普通水泥产品　　表2.1

主要类型	27种产品编号（普通混凝土类型）		成分（质量百分比*）		
			主要成分		
			炉渣 K	矿渣 S	硅粉 D†
CEM I	硅酸盐水泥（Portland cement）	CEM Ⅰ	95–100	—	—
CEM II	矿渣硅酸盐水泥（Portland–slag cement）	CEM Ⅳ/A–S	80–94	6–20	—
		CEM Ⅳ/~B–S	65–79	21–35	—
	硅粉硅酸盐水泥（Portland–silica fume cement）	CEM Ⅳ/A–D	90–94	—	6–10
	火山灰硅酸盐水泥（Portland–pozzolana cement）	CEM Ⅱ/A–P	80–94	—	—
		CEM Ⅱ/B–P	65–79	—	—
		CEM Ⅱ/A–Q	80–94	—	—
		CEM Ⅱ/B–Q	65–79	—	—
	粉煤灰硅酸盐水泥（Portland–fly ash cement）	CEM Ⅱ/A–V	80–94	—	—
		CEM Ⅱ/B–V	65–79	—	—
		CEM Ⅱ/A–W	80–94	—	—
		CEM Ⅱ/B–W	65–79	—	—
	页岩硅酸盐水泥（Portland–burnt shale cement）	CEM Ⅱ/A–T	80–94	—	—
		CEM Ⅱ/B–T	65–79	—	—
	石灰石硅酸盐水泥（Portland–limestone cement）	CEM Ⅱ/A–L	80–94	—	—
		CEM Ⅱ/B–L	65–79	—	—
		CEM Ⅱ/A–LL	80–94	—	—
		CEM Ⅱ/B–LL	65–79	—	—
	复合硅酸盐水泥‡（Portland–composite cement）	CEM Ⅱ/A–M	80–94		
		CEM Ⅱ/B–M	65–79		
CEM III	高炉水泥（Blastfurnace cement）	CEM Ⅲ/A	35–64	36–65	—
		CEM Ⅲ/B	20–34	66–80	—
		CEM Ⅲ/C	5–19	81–95	—
CEM IV	火山灰水泥‡（Pozzolanic cement）	CEM Ⅳ/A	65–89	—	
		CEM Ⅳ/B	45–64	—	
CEM V	复合水泥‡（Composite cement）	CEM Ⅴ/A	40–64	18–30	—
		CEM Ⅴ/B	20–38	31–50	—

* 本表数值为主要和次要成分之和。

† 硅粉比例限10%以下。

‡ 在复合硅酸盐水泥CEM Ⅱ/A–M 和CEM Ⅱ/B–M、火山灰水泥CEM Ⅳ/A 和CEM Ⅳ/B以及复合水泥CEM Ⅴ/A和CEM Ⅴ/B中，主要成分除渣块外应为该水泥名称所示成分。

成分（质量百分比*）							
主要成分							少量添加成分
火山灰		粉煤灰		页岩残渣	石灰石		
天然的 P	天然煅烧的 Q	硅酸的 V	钙质的 W	T	L	LL	
—	—	—	—	—	—	—	0–5
—	—	—	—	—	—	—	0–5
—	—	—	—	—	—	—	0–5
—	—	—	—	—	—	—	0–5
6–20	—	—	—	—	—	—	0–5
21–35	—	—	—	—	—	—	0–5
—	6–20	—	—	—	—	—	0–5
—	21–35	—	—	—	—	—	0–5
—	—	6–20	—	—	—	—	0–5
—	—	21–35	—	—	—	—	0–5
—	—	—	6–20	—	—	—	0–5
—	—	—	21–35	—	—	—	0–5
—	—	—	—	6–20	—	—	0–5
—	—	—	—	21–35	—	—	0–5
—	—	—	—	—	—	—	0–5
—	—	—	—	—	21–35	—	0–5
—	—	—	—	—	—	6–20	0–5
—	—	—	—	—	—	21–35	0–5
6–20					—	—	0–5
21–35					—	—	0–5
—	—	—	—	—	—	—	0–5
—	—	—	—	—	—	—	0–5
—	—	—	—	—	—	—	0–5
11–35					—	—	0–5
36–55					—	—	0–5
18–30			—	—	—	—	0–5
31–50			—	—	—	—	0–5

图2.8 商品混凝土运料车能够提供可靠的、当地的运输，便于进行成批定制的混凝土搅拌

图2.9 在施工现场泵送商品混凝土，琼斯住宅，兰德尔斯镇（Randalls Town），北爱尔兰
建筑设计：艾伦·琼斯建筑师事务所（Allan Jones Architects）

商品混凝土的发展增加了高品质混凝土产品的确定性。商品混凝土于1909年开始出现，但直到20世纪60年代，才在英国成为主要交付方式。目前有将近3/4的混凝土是现场施工建造的。这是一种基于本地的工业，在英国混凝土预搅拌厂到工地的平均距离为5英里，而其中一半的工厂设于骨料开采场。[5]

火山灰岩和工业副产品

火山石，如意大利的凝灰岩（tuff）、莱茵河上游的火山土（trass）和希腊的santourin，经过研磨都可以具备火山灰活性，加水后可进行水化反应。传统上用作硅酸盐水泥替代品的自然生成的火山石，已逐渐被工业副产品生产的水泥取代。这种具有产业生态化特点的形式，可以显著减少混凝土的蕴能以及需要加工的原材料数量（见第10章）。

图2.10 立式研磨机正在研磨高炉矿渣

图2.11 在帝国大厦的混凝土拌合料中使用了高炉矿渣
建筑设计：威廉·F·兰博，Shreve, Lamb and Harmon公司

高炉矿渣

矿渣是钢铁制造的副产品之一，可用作硅酸盐水泥的替代品。从鼓风炉中取出熔渣后用水快速冷却，并研磨为细腻、光泽的白色粉末即可。高炉矿渣被归为潜在水硬性材料，也就是说具有水硬性、胶结状的特性。只有与硅酸盐水泥混合后，才能激活高炉矿渣的这些特性，开始水硬过程——高炉矿渣在水泥混合物中所占比例可达70%。它也不是一种新产品，1931年建成的帝国大厦就应用了高炉矿渣。

图2.12　在伦敦金丝雀码头站的混凝土中使用了高炉矿渣
建筑设计：福斯特事务所，1999年完成

高炉矿渣有若干优点：

- 提高耐久性，同时由于减少了混入的水蒸气留下的毛细通路而减少渗水的风险；
- 减少热胀冷缩产生裂缝的风险；
- 抵御硫酸盐侵蚀；
- 颜色更白；
- 减少蕴能。

福斯特事务所设计的伦敦地铁朱比利线金丝雀码头站（Canary Wharf Underground Station）就是一个使用经济型白色混凝土的实例，其目的是为了使车站的混凝土能够更好地反射向上照射的灯光。使用高炉矿渣取代高比例的硅酸盐水泥也有缺点，其中一个是混凝土硬化时间将加长，在低温条件下尤其明显。而要让混凝土达到充分强度花费的时间，也比完全使用硅酸盐水泥的情况要长。在将维多利亚时代的公共图书馆改造为伦敦南华克区（London Borough of Southwark）的创意媒体训练中心（Creative Media Training Centre）时，设计者Architype建筑事务所提出以72%的高温炉渣搭配28%的硅酸盐水泥，以减少新的混凝土构件的蕴能。但由于天气寒冷，混凝土达到强度的时间会大大增加，施工承包方将无法控制工期。最终采用的比例是50%为高温炉渣。如欲了解更多关于高温炉渣的信息，请查阅《BS EN 15167-1：2006高温炉渣》（BS EN 15167-1：2006 Ggbs）及本书第10章，其中对使用高温炉渣的优点进行了更深入的介绍。

图2.13 在建的福尔柯克轮（Falkirk Wheel）的桥墩使用了包含粉煤灰的混凝土拌合料

图2.14 福尔柯克轮升船机于2002年建成
建筑设计：Ove Arup and Partners事务所，Butterley Engineering工程公司和RMJM事务所

粉煤灰

粉煤灰，通常为很细的灰色粉末，是火电厂生产过程的副产品，通过静电从废气中沉淀下来。粉煤灰被认为是人造火山灰，通常与硅酸盐水泥混合使用。其优点为：

- 提高凝结力；
- 提高施工性能；
- 减少蕴能。

按照《BS EN 197–1水泥分类CEM II、CEM IV》（BS EN 197–1Cement categories CEM II and CEM IV），粉煤灰可用于制造水泥。

硅粉

这种极为细腻的粉末具有高度凝硬性（pozzolanic），很难控制。但用硅粉制成的混凝土具有非常高的强度和良好的耐久性。硅粉是生产硅和含硅的金属合金的过程中，在电弧炉（electric arc furnace）中形成的副产品。其优点为：

- 具有非常高的强度和良好的耐久性；
- 减少蕴能

关于混凝土中硅粉的规格和用途定义，详见《BS EN 13263：2005》。

替代水泥

混凝土行业正在积极寻找环境影响更小的替代水泥，包括：

- 硫铝酸钙水泥；
- 土壤聚合物水泥（geopolymeric cement）；
- 氧化镁水泥。

目前，这些替代水泥在英国还只适用于特定需求，实际应用程度不高。

超高强度混凝土

通过改变混凝土的特性，能够获得性能堪比金属的超高强度建筑材料。超高强度混凝土一直在不断发展，在20世纪50年代，抗压强度为34 MPa（34 N/mm^2）的混凝土就已经算是高强度了，而当前结构混凝土的普遍强度为40 MPa。目前通过使用超高强度拌合料，可以使现浇混凝土的抗压强度达到200 MPa。高强度混凝土柱能够承受更大的重量，因此可以做得比普通强度混凝土柱更细，让使用空间更大，较为

图2.15 卡尔加里部尼斯轻轨站经过精确浇筑的混凝土薄壳，其厚度只有20 mm，是超高强度混凝土使用的典型案例
建筑设计：Enzo Vicenzino

适用于楼层不多的建筑中。超高强度混凝土也适用于预制纤细、轻型的结构构件，如阳台楼板和纤薄的楼梯等。

高强度混凝土类型

无宏观缺陷

无宏观缺陷（MDF，macro defect free）混凝土是高强度混凝土技术发展中的一项突破性进展。这项技术是20世纪70年代由ICI（英国帝国化学工业集团）特殊项目部门的德瑞尔·伯查尔（Derel Birchall）率领的小组研制而成的。MDF创造出一种能够替代塑料以及铝等轻质金属的材料。生产MDF需要的蕴能显著减少，也不需要在相对较高的温度下融化实现可塑性，混凝土的硬化可以在室温下进行。水泥浆中的空洞，是混合时产生的气泡在水化过程中滞留在材料中形成的。水泥浆的抗拉强度和抗弯强度显然比塑料和金属要小。弥补水泥浆的缺陷是实现混凝土高强度过程中最主要的因素。通过在水泥和水中加入少量可溶于水的聚合物，拌合物中的微粒变得更为密集，显著增加了其抗拉强度。

伴随着MDF等技术的发展，聚合物胶（polymer paste）得以产生。制造聚合物胶，首先要混合MDF混凝土直到其基本凝固，形成可塑的油灰，通过不断转动去除其中的气泡，然后使用通常的塑料压制过程得以成型。加入玻璃等纤维，能够进一步加强MDF水泥的强度，甚至可以超过铝的强度。通过采用注射浇筑或挤压成型等方式，可以用MDF制造出门把手、家具等通常只有金属和塑料才能制造的产品。

密实硅石颗粒

密实硅颗粒水泥（DSP，Dense Silica Particle）是近年来刚刚提出的MDF水泥的替代品。同样遵循减小水泥颗粒间的空隙的原则来实现更高的强度。DSP水泥中加

图2.16 旋转楼梯，哥本哈根杜堡15大楼（Tuborg 15 Building），预制CRC混凝土
建筑设计：Arkitema建筑事务所、Ramboll 工程顾问公司

入的硅添加剂，其颗粒细腻程度可以达到0.1 μm（1×10^{-6} mm）。DSP水泥的性能，来自硅和水泥浆之间的化学反应，同时添加少量的水和超强增塑剂。DSP水泥的局限性在于，没有纤维增强，相比MDF水泥，其抗拉强度很低。而通常与MDF水泥相比时，只提及其抗压强度。

密实增强复合

密实增强复合（CRC，Compact Reinforced Composite）混凝土，是吸收并结合了MDF混凝土和DSP混凝土的特点制成的混合体，具有二者的性能以及超高强度。通过DSP混凝土，可以获得超细硅添加剂的工效，而通过钢纤维的增强作用，能实现更高的抗拉强度。这一复合材料具有非常高的黏合强度，确保稳定性和持久性。CRC的黏稠度类似于灰浆，只添加非常细腻的细骨料，使得钢筋间距大为缩小，适用于非常纤薄的结构构件。CRC混凝土既可用于预制结构也可用于现浇场合。其状态类似于混入胶粘剂、沙子、钢纤维的干灰浆，唯一需要加入的成分就只有水。CRC的典型抗压强度为150 MPa。也可作为焊接材料“黏合”钢筋混凝土部件之间狭窄的缝隙。

由Arkitema建筑事务所与Ramboll 工程顾问公司合作的哥本哈根杜堡15大楼中庭里的旋转楼梯，就只能通过使用CRC预制混凝土得以实现。CRC技术由丹麦安博公司（Aalborg）于1986年开始开发。旋转楼梯于2002年建成。大卫·班奈特（David Bennett）在《混凝土季刊》（*Concrete Quarterly*）中这样描述他第一次看到这座楼梯时的惊讶和欣喜：

“通高4层的旋转楼梯，如同从屋顶上悬挂而下的纸带，纤薄、光滑而洁白。看上去没有任何混凝土浇筑的东西，能做到如此纤细，如此典雅而又如此戏剧性地旋转着。那这应该是钢的或是铝制的吧？当你凑近观看，当你踏着这些雅致的扇形梯步拾级而上，你才不得不相信这真的是混凝土。”[6]

楼梯由Beton-Tegl公司用CRC浇筑而成，并由丹麦NCC公司安装。其直径为6 m，中心的结构柱直径为1.5 m。梯步梁长度为1500 mm，厚度为150 mm，分为四段浇筑。楼梯踏步分为16个独立的单元浇筑，每个单元包含6个踏步。每个踏步悬臂为2250 mm，厚度由中心的100 mm逐渐向边缘递减至30 mm，其中有直径为8 mm的钢筋条。浇筑时的CRC混凝土为中灰色，随后涂上白色，同时也隐藏了预制单元相互拼接的“针脚”。

Ductal®

Ductal混凝土是另一种根据MDF和DSP混凝土原理发展而来的混凝土，由共同所有者拉法基集团（Lafarge）、布依格集团（Bouygues）和罗地亚公司（Rhodia）生产。Ductal同样加入了钢纤维，并通过加入硅添加剂消除空隙，通过预应力获得极大的抗压强度（200～800 MPa）和承载力。在混凝土拌和之前和之后施加压力，完成的产品要在90℃的环境中放置三天。尽管这种混凝土能够实现非常高的抗压强度，但作为产品，其价格也因此变得非常昂贵，而不能广泛适用于项目。Ductal混凝土具有轻质、纤细的特点，如果施加足够强度的预应力，就能适用于原本通常只适用于钢和铝材的构件建造。

Ductal-FM Grey的性能特性：2GM2.0情况如下：

- 20℃下，固化时间24小时后>30 MPa；
- 20℃下，固化时间28天后>150 MPa；
- 抗压强度150～180 MPa；
- 抗弯强度（resistance to flex）30～40 MPa；
- 弹性模量50000 MPa。

（数据由Lafrage授权使用。）

图2.17　舍布鲁克步行桥（Sherbrooke Footbridge），拍摄于2006年

舍布鲁克步行桥

舍布鲁克步行桥是首个应用Ductal混凝土（200 MPa）的工程案例，位于加拿大魁北克，1995年建成，桥的跨度为60 m。其步行道板厚为30 mm，宽度为3.3 m，覆盖于3 m高的桁架之上。连接上下弦杆件的支撑和抗拉组件（tension tie）为内部填充Ductal混凝土的薄壁不锈钢管。外包钢管的混凝土整体抗压强度达到了350 MPa。下弦由两根320 mm宽、380 mm高的Ductal梁组成。沿长向布置的外包后张拉钢筋束，贯通整根下弦梁，上部的桥面板则施加过横向预应力。整个结构没有使用钢筋，也没有使用钢筋网片。舍布鲁克步行桥由博尔达克（Bolduc）公司和Béton Canada Bouygues公司建造。

仙游桥

仙游桥是首尔在2002年世界杯前在汉江上修建的步行桥，人们称作“和平桥”。其设计者是建筑师鲁迪·里齐奥蒂。该桥有两段钢制引桥和中部120 m长的双拱主桥组成，主桥由Ductal混凝土浇筑而成。T形结构的拱高1.3 m，步行道宽度为4.3 m，厚度则仅有30 mm。这座桥展示了采用超高强度混凝土所能实现的优雅形象。

图2.18　仙游桥（Seonyu Footbridge），2002年建成
建筑设计：鲁迪·里齐奥蒂（Rudy Ricciotti）

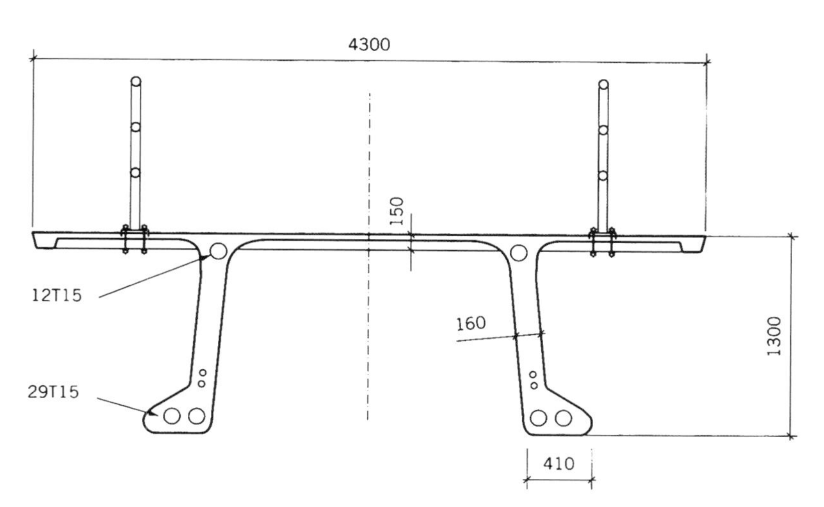

图2.19　仙游桥立面

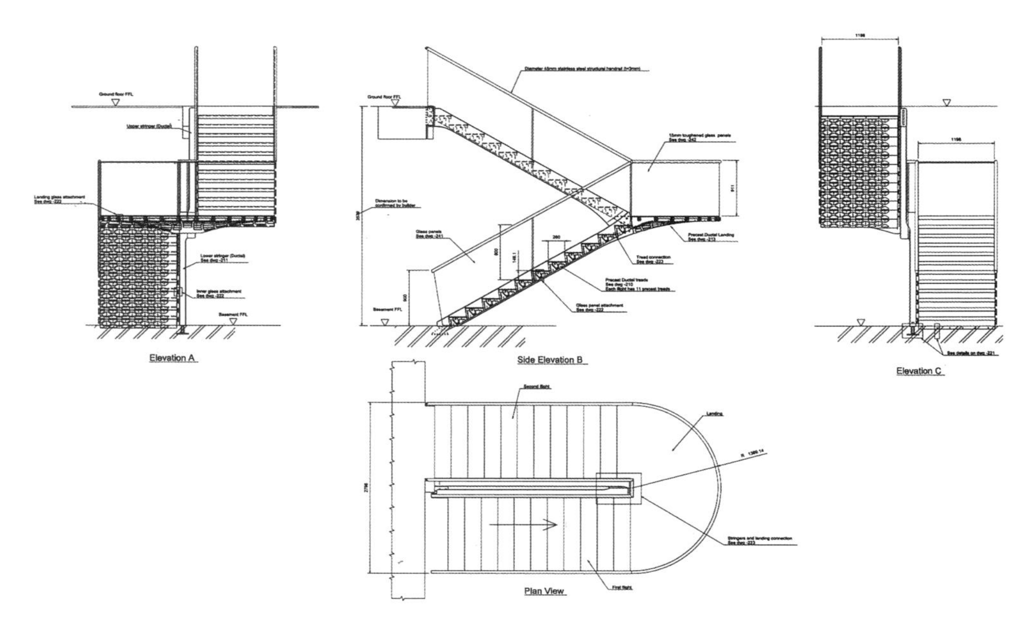

图2.20　伦敦建筑中心新建楼梯设计图纸，由Ductal混凝土建造
工程设计：Price & Myers事务所

伦敦建筑中心楼梯

Ductal混凝土在英国的首个应用实例是在伦敦建筑中心新建一段楼梯，由Price & Myers事务所的工程师完成工程设计。设计图纸展现了兼具优雅和细节的楼梯，但由于2010年前银行导致的衰退和英镑走弱，这个项目被搁置了。Ductal目前主要在法国生产，并销往欧洲。

自密实混凝土

自密实混凝土（Self-compacting concrete）是一种相对新颖的材料，对于复杂形体下钢筋靠近中心位置，浇筑后的混凝土难于振捣等问题，能够较为理想地实现表面强度和密实度（compaction）。自密实混凝土需要在工厂生产，向拌合料中添加超强增塑剂（superplasticiser）和稳定剂（stabiliser）。这些化学添加剂能够显著促进流动的速度，实现更快的建造速度和更便捷的施工性能。自密实混凝土适用于现浇和预制结构。超强增塑剂能够让灰浆更为柔软和流动，不需要振捣就可以均匀流入模具中。由于自密实混凝土能够减小与机械振捣技术相关的混凝土健康和安全风险，目前已经在预制行业得到越来越多的应用，同时它也能因减少表面气泡，提高构件单元质量而降低相应的人工成本。

在混凝土拌合料中加入稳定剂是为了增加黏性，使得混凝土在浇筑中碰到钢筋或障碍物时，能够尽量不占据骨料的位置，避免砂浆和骨料相互分离。同时这也能因增加拌合料重量而提升密实度，因混凝土自重而让模具中各个位置都填满。添加剂缩短了混凝土的凝结时间。为了阻止冷缝（cold joint）的出现，需要持续不断地添加拌合料。冷缝是指两个混凝土断面连接时，其中一个已经凝固的情况，有时也被称为日工作缝（day work joint）——此时由配筋实现结构连续性，称为钢筋甩茬（starter bar），见图3.5。更多关于自密实混凝土的资料可以查询www.ermco.eu。

图2.21 自密实混凝土——菲诺科学中心混凝土拌合料测试

菲诺科学中心

菲诺科学中心位于德国北部沃尔夫斯堡，由扎哈·哈迪德建筑事务所设计，是一个垂直和水平构件无缝连接的结构体。对于这样一个整体性几何体，项目的工程设计公司，亚当斯·卡拉·泰勒工程公司将其视为数字化有限元模型（finite element model）单体。实现这座建筑最基本的材料是自密实混凝土。结构体系主要由10个逐渐向上收缩的钢筋混凝土“锥体”组成，这些锥体从地下停车场一直延伸上来，再变为水平的混凝土楼板，锥体也即楼板的支撑体。锥体的形式、平面形状和高度各不相同，其中6个锥体到达主展厅空间，其余4个则继续向上，支撑着钢结构屋面。锥体传递出逐层递减的悬挑感觉，有些地方增加了楼板面积，有些地方则作为各层的交通连接。整个建筑为无柱空间，形成了没有分层的系统，这里没有墙、楼板和柱子的概念，只有作为整体的建筑结构。首层楼板通过华夫饼干式的结构实现楼层的变化，其结构厚度达到900 mm，由此带来密度的变化以及与竖向椎体结构的无缝衔接。

完成这一复杂的混凝土形体，需要使用自密实混凝土和专业的木模板。该项目采用了木模板、聚苯乙烯模板和金属模板等多种材料来确保椎体与楼板交界处的光滑形体。如果没有超强增塑剂，混凝土拌合料就不能获得足够的密实度，流入模具各处的混凝土会有问题，但处于模板之中又难于振捣，耗时更多且无效果。这导致项目采用了自密实混凝土，通过连续不断地向模具中注入混凝土，以避免出现接缝。从浇筑工作由7 m高的位置以与竖向呈50º角倾注混凝土，由于自密实混凝土提高了干燥速度，速度和效率得到了提高。由于浇筑量巨大，模板需要经过特殊设计，以承受不断增加的压力，确保密实，避免混凝土从缝隙中流出。

“设计过程需要建筑专业和结构专业的紧密合作，只有这样，才能让3D环境中的图纸和分析包（analysis package）的作用得到充分发挥。”

项目工程师保罗·斯科特（Paul Scott），来自亚当斯·卡拉·泰勒工程公司[7]

图2.22　菲诺科学中心，2005年建成
建筑设计：扎哈 · 哈迪德事务所
工程设计：亚当斯 · 卡拉 · 泰勒工程公司

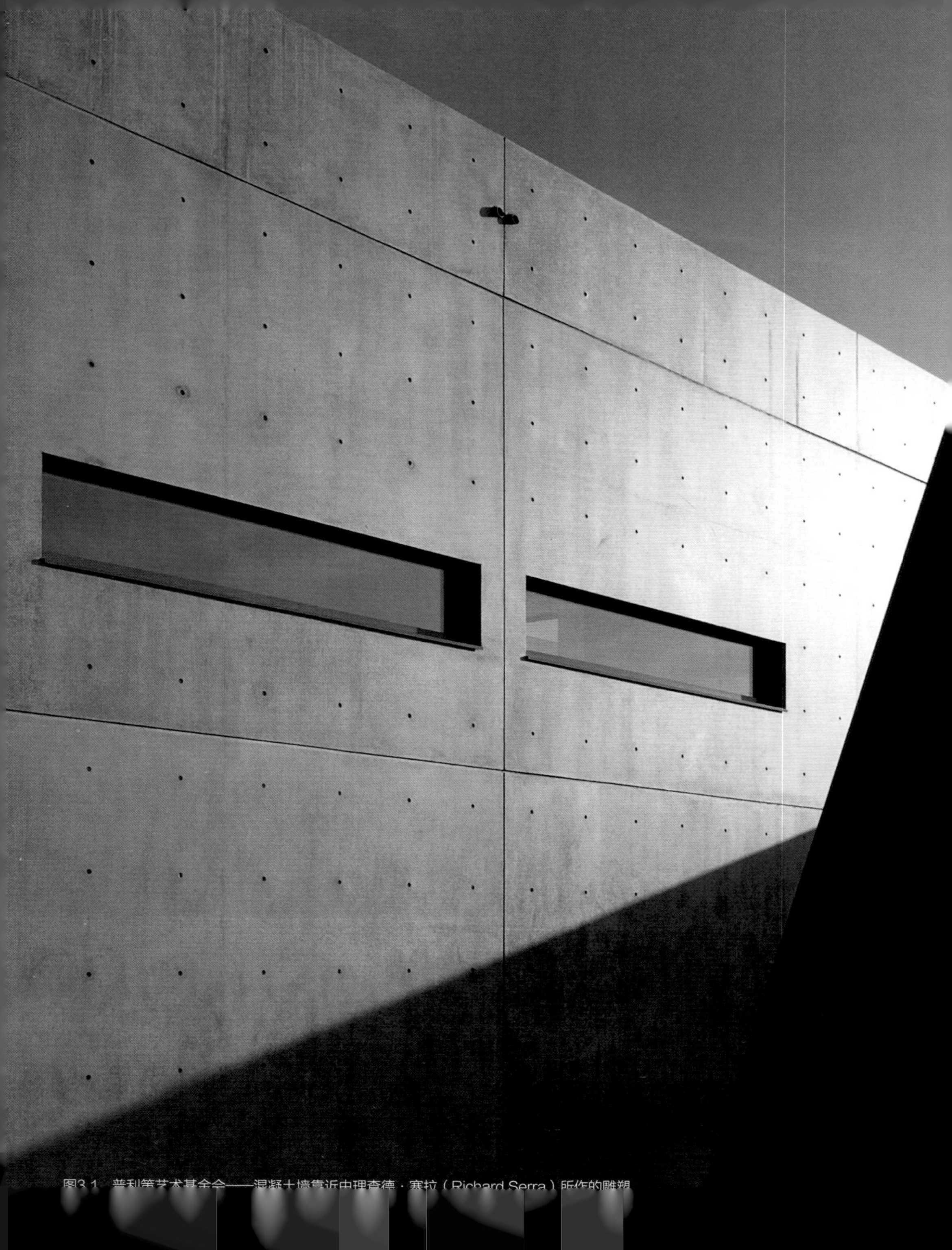

图3.1　普利策艺术基金会——混凝土墙靠近由理查德·塞拉（Richard Serra）所作的雕塑

第3章 现浇和预制

“混凝土是一种真实的结构材料，代表着它的时代。如果建造和维护得当，没有任何材料能够超越混凝土。”

安藤忠雄[1]

决定在你的项目设计中使用混凝土构件，那你是打算在现场浇筑混凝土（称为现浇），还是让工厂预先制成混凝土构件（称为预制）？两种技术都能够很好地体现混凝土的优点，一般的结构会同时使用预制和现浇的混凝土，以结合二者的优点。这被称为混合混凝土结构（HCS，hybrid concrete structures）。

图3.2 胡佛水坝（Hoover Dam），1931～1936年，科罗拉多河黑谷
Six Companies Inc.建造

现浇混凝土

现浇混凝土的美在于它的成形性（formability），便于以特定的、一次成型的形体，进行更符合场地和设计上更特别的创作。其在尺度上基本上没有限制，一些大规模现浇土木工程项目，例如胡佛水坝（1931～1936年），米约高架桥的桥塔（1993～2004年），建筑设计：福斯特及合伙人事务所（Foster and Partners）、Chapelet-Defol-Mousseigne）；或是大型工业建筑的浮筑地板，如史云顿雷诺中心（Renault Centre, Swindon）（1980～1982年，建筑设计：福斯特事务所）。在香港汇丰银行总部（1979～1985年）的建造中同样应用了这种技术。表面上看，这个项目运用混凝土的特征并不明显。但巨大楼板的浇筑速度实际达到每天1800 m^2，银行的上层钢结构（steel superstructure）承载着超过60000 m^2的现浇混凝土。[2]上层结构的混凝土浇筑有近34次。

现浇混凝土的优点在于：

- 施工过程能够灵活适应场地，便于获得复杂形式；
- 能够满足从小尺度到超大尺度的结构建造需求；
- 可实现本地化；
- 由预拌混凝土产业生产的成批拌合料（由沙子、骨料和水泥组成），能够保持混凝土色泽统一，性能特征可靠稳定。

图3.3 米约高架桥（Le Viaduc de Millau）
建筑设计：诺曼·福斯特及合伙人事务所，Chapelet-Defol-Mousseigne

- 可将大量的混凝土安全地泵送到模板内；
- 目前已实现模板的重复再利用；
- 饰面类型丰富；
- 可以将细部和设备整合到一起；
- 可选择后张预应力（post-tensioning）方式。

然而现浇混凝土的建造也存在着一些限制条件，其中包括：

- 需要充分考虑现浇混凝土的施工误差对细部和其他与混凝土相接的构件的影响；
- 现浇混凝土在寒冷天气需要进行保护，在0℃以下要防止冻害；
- 根据《BS 8500-1：2600，混凝土》（BS 8500-1：2006, *Concrete*），出于视觉效果考虑，要严防露石混凝土出现过多气孔；
- 需要在设计阶段将设备管线细致整合入内；

图3.4 1984年3月28日，香港汇丰银行总部钢筋混凝土楼板进行浇筑中
建筑设计：诺曼·福斯特及合伙人事务所

- 根据《BS 8500-1：2600，混凝土》，需要对混凝土的结构强度进行立方体强度试验。

关键词

模板（Formwork）

一种通常是临时性的，将混凝土浇筑于其中的容器，使混凝土按照所需形式塑形，并提供支撑直至混凝土能自我支撑。主要包括触面材料（contact material）和直接支撑触面材料的支架。[3]

模板（Shuttering）

模板的另一种说法

脚手架

在永久性结构能够自我支撑前，为其提供支撑的各种临时结构。[4]

浇筑量

在一次混凝土浇筑之前，所统计的需要浇筑的混凝土总量。

浮筑

通过机械方式使得现浇混凝土板获得光滑而平整的表面。

关于这混凝土制造和安装关键词的术语详解，请见网址：www.ribabookshops.com/concreteglossary。

图3.5 菲诺科学中心的现浇混凝土椎体中的预留钢筋，等待第二天安装模板后进行浇筑或接伸

现浇混凝土的另一大优势是便于建造整体结构。首先，在浇筑混凝土时设置加强措施，即预留钢筋，让随后浇筑的混凝土中的钢筋与之连接，通过模板的保护，就能够和先前浇筑的混凝土结合起来。连接部位被称为冷接缝或日工作缝。

亚当斯·卡拉·泰勒工程公司的保罗·斯科特，是菲诺科学中心的工程师。他在被问到如何从“人的范畴”（human terminology）来解释预应力混凝土强度时这样回答：

“立面为1 m×1 m，厚度为300 mm厚的钢筋混凝土墙，在这1 m^2的范围内，其内部的钢筋总量约为33～40 kg（钢的重量相当于半个人的体重）。而钢筋外面的混凝土的总重量约为650 kg（相当于8～9个人的体重）。

理论上，这堵墙能承受垂直荷载约为450吨（相当于300辆家庭轿车的重量）。

图3.6　塑料垫片，用于有效保护钢筋——摄于诺丁汉运河街（Canal Street, Nottingham）

当然在现实中，由于墙体既要承受弯矩，又要承受轴向荷载，其实际承受的垂直荷载会小一些。”[5]

筑造耐久的混凝土，其关键是认真的细部处理和钢筋布置。在采用高强度钢时布筋尤其重要。需要根据场地的暴露情况，以及《BS 8500-1：2006，混凝土》中的规定来决定。钢筋的设计不仅由主要拉伸荷载（tensile load）决定，还要尽量减少混凝土开裂的可能，避免结构失效的潜在危险，这对于暴露在恶劣天气或浸入水中的混凝土来说尤其重要。通常可以使用双向钢筋网来避免楼板和墙体部分开裂。

筑造耐久的混凝土，其关键是认真的细部处理和钢筋布置。另一方面也需要适应所在环境的坚固的混凝土混合配比。其基本条件，是让模板内设置的高强度配筋能够充分被混凝土覆盖，减少结构在使用寿命内被腐蚀。保护混凝土内的配筋免遭腐蚀，首先需要避免最终会使配筋生锈的成分，即二氧化碳、海水和除冰盐等的侵蚀。腐蚀反应伴随着膨胀，随着时间的推移，会产生“裂析”（spalling）——混凝土的外表层崩开，暴露出内部的钢筋。目前已经研制出一系列的垫片，放置在钢筋处，确保钢筋得到有效保护。垫片的材质，可以是与混凝土颜色相近的陶瓷，或是图3.6所示的塑料。

皮埃尔·路易吉·奈尔维设计的罗马小体育宫的结构，就是整体现浇于钢筋混凝土模板上而成的。奈尔维对钢筋混凝土的精确应用，是这个穹顶精致的放射性形体产生的基础。托马斯·W·莱斯利（Thomas W. Leslie）在其《作为受力图解的形式：皮埃尔·路易吉·奈尔维的等角螺线设计》[6]一文中，这样描述这一设计：

“奈尔维最为知名的圆形薄壳穹顶，是为1960年罗马赛事而建的奥林匹克小体育馆。为了让室内空间更大一些，小体育宫采用槽状的预制系统，类似于先前的都灵展览馆结构，由大量浅盘形的构件按照极坐标组合，这使得小体育宫呈现了最为纯粹的放射形系统。从外面看来，穹顶整体的结构受力方式一览无余。”

薄壳如钻石般的形状等比例变化，只需要采用一套模具就能生产出按比例生长的模板。所有钻石形的角度都是相同的，只是根据每圈的大小，在边长上有所变化，如图3.8所示。

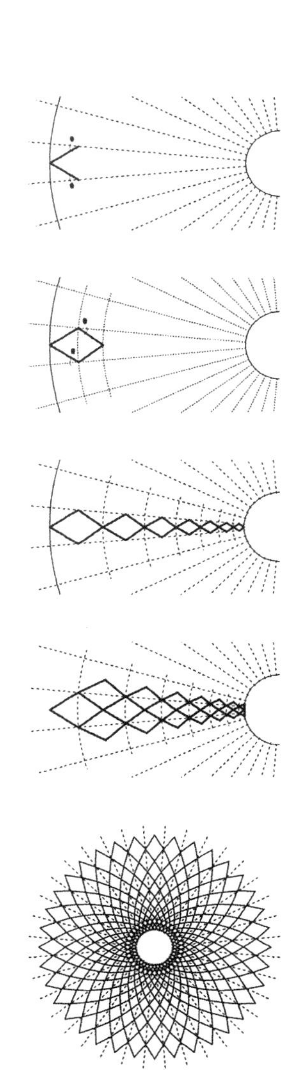

图3.7　罗马小体育宫（The Palazzo dello Sport），罗马，建造中
工程设计：皮埃尔·路易吉·奈尔维（Pier Luigi Nervi）

图3.8　托马斯·W·莱斯利关于皮埃尔·路易吉·奈尔维所做的罗马小体育宫穹顶形式的分析

现浇混凝土最有代表性的，也是建造过程中耗费时间最长的，就是在现场支模的部分。通过重复利用模板，可以有效减少组装模板所需要的时间，因而导致了重复模板技术的进步，其中包括隧道模板（tunnel form）和先进的支模技术，例如滑模工艺。本书第4章将介绍更多相关细节，说明模板在混凝土细部的建造中承担着多么具有决定性的角色。如果时间紧迫，那么最好还是采用预制混凝土。

图3.9 将预制混凝土T形梁运送到工地

预制混凝土

预制混凝土是一种已经非常成熟的现代建造手段，能够让粗加工工序在施工现场外完成。预制混凝土的优点在于将建筑部件的制造置于工厂条件下，其中包括：

- 出色的质量控制；
- 模具精细——误差控制严格；
- 饰面范围大；
- 边缘细节清晰整洁；
- 批量处理沙子、骨料和水泥的配比——能提供统一的颜色和可靠的性能特征；
- 将细部处理和设备管线整合到一起；
- 预应力；
- 能生产易于快速装配的大构件。

当然，预制混凝土也有一些相应的局限性，其中包括：

- 构件较重不便运输；
- 构件的尺寸和形状受运输条件限制；
- 预制构件的形式很有限（比如，你要考虑到如何把它从模具中取出）；
- 需要重复利用，以分摊或降低模具生产成本造成的影响。

预制构件的最大尺寸，受到道路运输规则和工地具体场地条件的限制，如通向工地的道路上桥洞的高度。当然尺寸极大的构件也是能够运输的。在英国，超过25.9 m长、4.5 m高、4.3 m宽的货物，就会引起警察和根据道路交通规则设置的“车

图3.10 巴灵顿桥的预制混凝土构件运往施工现场的过程
建筑设计：迈克尔·斯泰西建筑师事务所

图3.11 巴灵顿桥（Ballingdon Bridge），跨越斯陶尔河（River Stour）的桥墩支撑

辆伴侣”（vehicle mate）的注意。运输非常长的货物，需要受到从工厂到工地全程路线的条件限制；曾有超过75 m的T形桥梁断面被运送到工地的案例（这在美国是T形梁桥的普遍尺寸）——首先要把T形梁做成卡车的底盘，如图3.9所示。在英国，预制混凝土构件运输的普遍距离约为100英里。[7]

需要在最初阶段就仔细考虑运输和安装过程中施加于预制混凝土构件上的荷载。巴灵顿桥的悬挑部分由低碳钢支架（cradle）支撑，支架同时也是临时结构的一部分。桥的截面处设有不锈钢的固定点，便于临时支撑和与之连接固定。在预制混凝土外墙板中也经常使用固定节点作为起重吊点和临时支撑点。

预制生产都存在最优模具使用率。一个木模具使用30次后就需要修理。为了提高生产过程的速度，预制厂家会在拌合料里加入添加剂，以加快养护过程，通常每24小时敲击模板一次。如果构件成本很高，就需要具备良好的可复制性。图3.12

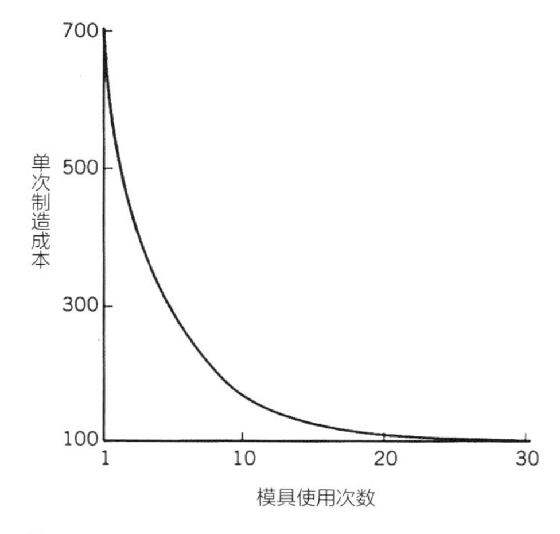

图3.12 Trent混凝土公司（Trent Concrete）关于单元重复性的分析——模具能够重复使用制造25次即满足生产成本要求

展示了Trent混凝土公司关于单元重复性的分析，以及如何通过均摊大量单元块的模具成本来减少整体成本。模具的寿命取决于其材料是木材、聚合物复合材料还是钢材的。大型项目中每种构件需要不止一个模具，这可能与损耗或是在同一施工计划中运输所有构件的需求有关。

图3.13 德累斯顿新犹太会堂（the new synagogue in Desden），2001年建成
建筑设计：汪戴尔·霍弗·洛希和赫希（Wandel Hoefer Lorch & Hirsch）

图3.14 犹太会堂微微旋转的立面

图3.15 犹太会堂逐层悬挑的混凝土砌块

选择预制混凝土往往是由于其稳定性和良好的表面质量。也许“人造石头”并不只是一个简单的市场标签，也揭示了预制混凝土模仿的来源以及能够达到的质量。由汪戴尔·霍弗·洛希和尼古拉斯·赫希设计的德累斯顿新犹太会堂，于2001年建成，用于代替1840年由戈特弗里德·森佩尔（Gottfried Semper）设计的老会堂，后者在1938年毁于火灾。为了实现建造的连续性，这一宗教场所采用了封闭的形式，如同一整块巨石般的立方体很容易让人联想到耶路撒冷锡安山（Mount Zion）的所罗门圣殿。森佩尔建造的原址仍然空着，作为社区礼堂（community hall）和新会堂之间的内院。犹太会堂的立面由如同砂岩的预制混凝土砌块组成，每块的尺寸为1200 mm × 600 mm × 600 mm。这些砌块产于比利时，由钢模具制成，其拌合料为拜耳（Bayer）黄色染料、硅酸盐和白色水泥、沙子、石英和黄色石灰岩骨料。犹太会堂的选址有点偏移正向（shifted alignment），其解决方法是将朝向内院立面的每层砌块进行了轻微的旋转以及悬挑，使得立面的顶部最终朝向正东。立面的悬挑总共达到了1800 mm。犹太会堂的建筑师尼古拉斯·赫希这样讲解：

“我们所选的预制石材与旧城的历史建筑相协调，也呼应了周围建于20世纪60~70年代的预制混凝土建筑。预制混凝土如同人造的石头，在两种城市文脉间架起桥梁。”[8]

Expertex Textile Centrum纺织试验室，由布鲁克斯·斯泰西·兰德尔和IAA Architecten设计，出于成本考虑，采用了预制混凝土，以统一的灰色硅酸盐水泥预制单元体的重复作为设计的基本组成。作为TNO内

图3.16 Expertex Textile Centrum出于成本考虑采用了预制混凝土。外窗套的不断重复成为本项目建筑表达的主要特点
建筑设计：布鲁克斯·斯泰西·兰德尔（Brookes Stacey Randall）和IAA Architecten

图3.17 Expertex Textile Centrum新建实验室外立面与其后的原纺织学校校舍

图3.18 Expertex Textile Centrum实验室西南立面细节——预制混凝土外框内镶嵌着不锈钢编织网

的新建建筑，试验室通过不断重复而协调的单元组织，清晰地展现了实验室的内部空间。建筑师为实验室的窗户设计了预制混凝土外窗套（cowl），甚至也将外窗套的灵感扩大，为整个建筑西南侧立面增加了预制外框。施工商建议墙体也采用预制混凝土建造。建筑设计充分暴露的混凝土表面，意在尽可能增加热质量。最初内墙表面的设计采用精心处理的现浇混凝土，但后来主要施工商出于节约时间和成本的考虑，同样采用了预制混凝土。

如上文所述，想要让预制混凝土实现成本效益，需要模板能够得到多次使用，平均每个模板要用于25～30个构件。然而

图3.19　Trent Concrete的模板

重复使用模板的需求，并不会制约建筑师的奇思妙想。通过使用截面板和垫片，可以用同样的模板制造出构件族（family）。例如，对称的板可以生产出朝左或者朝右的不同形式——由建筑师谢普德·罗伯森（Shepherd Robson）设计的诺丁汉益佰利数据公司（Experian Data Centre）的外墙面层就充分证明了这一点。建筑通过截面板，使用Trent Concrete和普通的模板，制造出一系列形态有所差异的构件族。对于预制混凝土构件的设计来说，最重要的是其形状能够便于拆模——需要具备拔模角，并避免凹割（under cut）。想象一下预制构件是如何从模具中取出的。因此我们强烈建议尽早就此咨询专业的分包商。

通常项目并不会表现得如此标准化，能够通过相同的整体模块和开窗组织统一面板系统。预制生产可以将各种细节、设备和构件整合到面板之中，形成一定的丰富性。

使用预制混凝土的一个重要优越性，是可以缩短安装周期。这是一种成熟的预制生产方式。有必要尽早与预制生产厂家沟通，以调整建筑师和工程师事务所的设计进程。同时，还需要尽早确定安装和与其他材料界面交接的细节，这对预制混凝土和其饰面材料的细部设计都非常重要，一般情况是用其围护钢结构或混凝土结构。在设计初期充分考虑细部能够显著减少成本。很多预制厂家都希望及早与建筑师进行项目配合，以便将其专业知识传递给设计团队。通过签订合作合同能够有效地实现这一目标，没有哪个建设队伍喜欢冒着风险进行工作。因而有必要在设计初期解决细部和交接问题。预制生产的一个优势是能够缩短项目的交付周期（delivery period），因而将业主的经营风险降到最低，也为设计团队带来更多“思考时间”。在建设过程中，花费时间将设计的方方面面考虑周全，其成本效益更高，因为无需将人员、机器还有材料都先汇集到工地上。

混凝土的可塑性意味着能够生产出高度集成化的构件。丰田英国总部[由建筑师谢普德·罗伯森设计的预制混凝土单元，每一块都整合了空气处理系统的管道和照明设备，形成了光洁的曲面拱底，使得建筑蓄热和照明不受其他构件影响。将多种功能整合到一个构件内，增加了构件的价值减少了整体建设成本。实际上，这种精细生产技术的改进源于汽车工业——要想安装更快更好，使用一种构件比使用四种（假设）要更可靠也更便宜。对于本项目而言，精细生产这一概念本身，其实就是由丰田公司的大野耐一（Taiichii Ohno）于20世纪后期提出的。

建筑师和工程师正逐渐将预制混凝土和现浇混凝土的优点结合起来，形成混合的结构。丰田英国总部就是一个混合结构的绝佳实例。组成拱底的预制混凝土单元，采用来自德比郡的石灰石和白水泥制成，其色泽非常接近白色，有利于办公室的日间采光和人工照明。如前文所述，其面板整合了照明设备和排风管道，因而成为建筑室内空间的重要组成部分，同时裸露的表面也为建筑蓄热措施增加了所需的热质量。办公楼有四个侧翼，

图3.20　设有空气控制装置的高度集成构件，由Trent Concrete为丰田英国总部（Toyota Headquarters, GB）制造的白色预制混凝土楼板

图3.21　丰田英国总部的预制混凝土拱形顶板
建筑设计：谢普德·罗伯森（Shepherd Robson）

每个宽15 m，采用9 m×7.5 m柱网，每层楼板由34块6 m×3 m的混凝土预制楼板单元组成，楼板单元表面光洁且将各种细部整合其中。相应的，现浇楼板和竖向构件提供结构稳定性，形成整体结构。这种方法将缩短工期、提高质量、实现建筑的全局控制和形成有助于人们高效工作的舒适空间等需求结合了起来。如果想深入了解英国工业贸易部（DTI，Department for Trade and Industry）出资支持的混合混凝土结构，可参阅由C·H·古德柴尔德（C. H. Goodchild）和J·格拉斯（J. Glass）合著的《混合混凝土结构最佳实践指南》（*Best Practice Guidance for Hybrid Concrete Construction*）。[9]

在由贝内茨建筑师及合伙人事务所（Bennetts Associates）设计的Powergen运营总部项目中，施工承包商莱恩（Laing）在浇筑清水混凝土楼板构件时采用了玻璃纤维聚酯模板。但为了降低运输成本，构件预制过程是在施工现场完成的，随后用起重机吊装到位，也就是首先在现场建了一座一次性工厂。Powergen运营总部也因此成为首个大规模采用清水混凝土来增加建筑蓄能、提高热质量的当代办公建筑，这种被动式做法可以调整室内温度——具体技术内容详见本书第10章。

图3.22 Powergen运营总部（Powergen Operational Headquarters）
建筑设计：贝内茨建筑师及合伙人事务所

图3.23 Powergen运营总部，在曲面预制拱顶单元上放置混凝土楼板钢筋笼

（对页）
图3.24 Powergen运营总部，室内裸露的混凝土结构从中庭望去

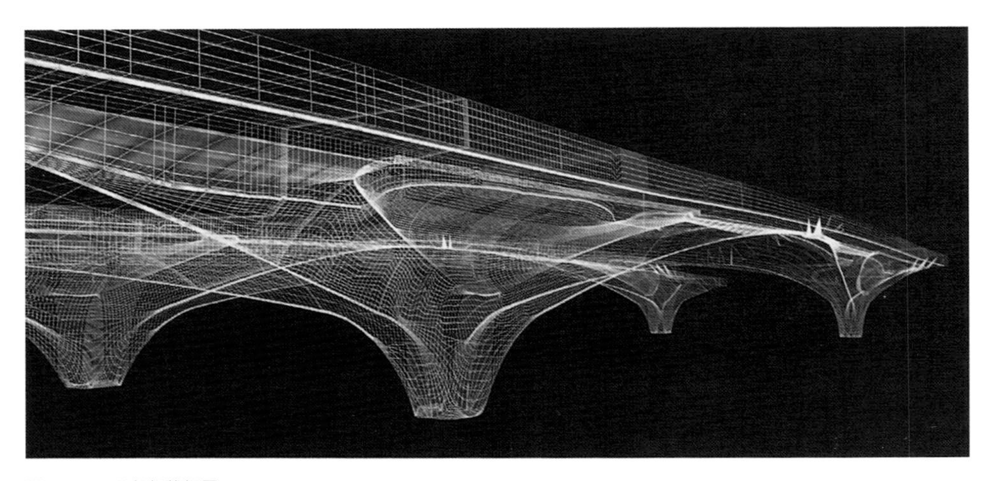

图3.25 巴灵顿桥线框图
绘制：迈克尔·斯泰西建筑事务所

巴灵顿桥

巴灵顿桥位于萨福克，这里既有漫水的草甸，也有萨德伯里市和若干历史建筑形成的保护区域。自12世纪开始，此地就建有桥梁，横跨斯陶尔河。而新建的巴灵顿桥则为整体预制混凝土结构，是A131国道穿越斯陶尔河的一部分。此前的桥梁建于1911年，无法满足繁重的交通流量需求，如果遇到载重42吨的拖车就不得不关闭，由此导致卡车需要绕道35英里。

为了尊重历史文脉，并呼应城市设计，新桥的设计相当节制，让人们的注意力仍能集中于诸圣堂（All Saints Church）和巴灵顿村形态各异的保护建筑。但桥梁采用了具有动态的三维拱形结构。迈克尔·斯泰西建筑事务所在设计中以数字技术形成渐变形态，并与基地相适应，满足了项目复杂的功能和文化需求。[10]“巴灵顿桥的设计以轻柔的弧形轮廓和具有动感的桥拱。渐变的形态使得没有两个相邻的截面是完全一样的。设计因此采用迭代放样（iterative lofting）技术。形体元素以一片片截面组成，桥墩部分，建筑师设定的间距为47 mm，即每隔2英寸为一个截面。”[11]新桥的桥墩好似轻盈地触摸着水面，建筑师的主要目的，是实现萨福克丰富的建筑传统和结构质量。萨福克是盖恩斯伯勒（Gainsborough）地区的发源地，斯

图3.26　夜晚的巴灵顿桥
建筑及工程设计：迈克尔·斯泰西建筑事务所、奥雅纳工程顾问及合伙人公司

陶尔河的景致则以康斯特布尔（Constable）的乡村风格作为衬托。新桥充分应用了混凝土的美感、可塑性和表现力。

项目的设计和施工建立在可持续的基础上，原有桥梁得到重复利用，而野生动物和河流环境也都在建设期间得到了精心保护。新桥安装了蝙蝠箱和水獭通道（otter run），因为蝙蝠喜欢桥梁下方的黑暗，而水獭则惧怕桥梁。桥的设计尽可能减少洪水造成的危害，可以作为水坝保护周边设施。

在RIBA设计竞赛之后的深化过程先后组织了相关利益方和萨德伯里、巴灵顿的居民进行扩大论证会。设计更为重视协作与团队模式，通过合作促进项目的进展。桥梁建造根据新工程合同（NEC，New Engineering Contract）的合作合同（partnering contract，NEC选项C：设有工程进度表的目标合同）进行。通过详细研究桥梁建造阶段和普遍使用预制，施工过程把对桥梁的影响降到最低限度，并尽可能不影响通过桥梁的交通。桥梁的建造周期为18个月，设计寿命为120年。

新桥的所有材料都经过慎重选择，与当地文脉相呼应，同时能够充分满足公路桥梁的使用性能要求，实现了工程、城市设计和建筑学的结合。同时还与规划师详细探讨了材料搭配的细节，如预制混凝土的配比问题等，以期与建于12世纪的诺曼教堂所采用的当地石灰岩相匹配。

预制单元由巴肯（Buchan）公司采用

图3.27 数字设计与手工艺相结合，制作巴灵顿桥木模板

木模板浇筑，木模板是根据建筑师提供的数字模型进行精心制作而成的。巴肯公司将结构工程尺度的构件结合到一起，经过建筑饰面处理的桥墩单元重量达到26吨。这在一定程度上得益于巴肯公司的阿克灵顿（Accrington）工厂细致的配料技术，使得桥体结构的12个预制单元保持了统一的配比。拌合料主要为Ketton集团Castle Cement公司生产的硅酸盐水泥，和产自德比郡Ballidon的14 mm粗骨料和细骨料。水泥含量为440 kg/m^3，同时采用Sika超强增

图3.28 巴灵顿桥的桥墩模板，位于阿克灵顿的巴肯公司工厂

图3.29 巴灵顿桥预制混凝土桥墩构件脱模过程，其重量为26吨

图3.30 萨福克工地现场，巴灵顿桥的桥墩构件吊装到位

图3.31　巴灵顿桥的现浇桥面板将所有预制混凝土构件连接在一起形成整体结构——请注意其中所设的蝙蝠箱

塑剂以获得更高的施工性能，表面致密，不易渗透。浇筑后48小时拆模，将构件取出，此时立方体试块抗压强度为35 MPa（35 N/mm^2）。经过28天，经测试，试块的抗压性能达到了60 MPa。大理石、不锈钢、铝材、英国橡木等各种材料得到了精心的搭配，即使是柏油路面的骨料选择都要经过规划官员的批准。

迈克尔·斯泰西是巴灵顿桥设计的参与者，他在AD杂志特刊《通过建造进行设计》中指出，我们有可能将快速建造和放慢的建筑相结合："可以将快速实施的当代技术与建筑永恒的质量需求结合起来，建造'慢建筑'……慢建筑的组成部分应该经过精心、有目的的设计，能够赏心悦目，散发韵味。"[12]巴灵顿桥的建设周期只有18个月，尽管建造时间被尽可能压缩，在这一过程中仍然确保了车流通畅，并保护了斯陶尔河的环境。

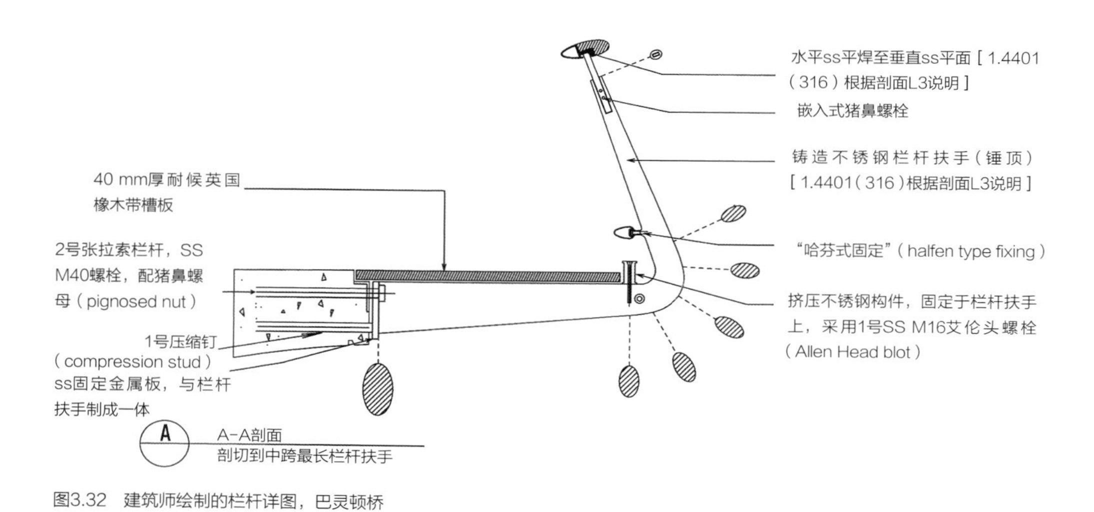

图3.32 建筑师绘制的栏杆详图，巴灵顿桥

栏杆的设计在视觉上非常通透，不会影响观赏风景的视线。栏杆名为“P2低密闭性栏杆”，与护柱相结合，可以挡住42吨的卡车，但看上去仍然非常典雅，适合作为步行路的扶手栏杆。为确保安全，巴灵顿桥的步行和交通功能被严格划分开，步行路由护柱保护，同时融入了照明设施。这些安全系统是专为此桥而设计的。尽管看上去通透而简单，实际上，栏杆由断面经过专门设计的挤压铝材，以及不锈钢线缆、不锈钢构件等多种材料组成。如果栏杆遭到车辆撞击，构件锚固螺栓会及时断开，避免预制混凝土被破坏。

图3.33　位于萨福克地区斯陶尔河的巴灵顿桥

总而言之，所有各部分的设计都是为了营造一条能够行驶车辆的“缎带”。其上部为挤压铝材和英国橡木，因为这些都是与人直接接触的重要部位。对于步行者来说，车辆的安全是不可忽视的重点。特别加宽的步行路让行人更能享受河流以及草甸的美景。漫步这座公路桥上，人们主要感受到的，仍然是河流以及萨福克的城市空间。巴灵顿桥对康斯特伯尔乡村的贡献，使其获得各类国际和国内奖项，其中包括英格兰乡村保护奖（Campaign for the Preservation of Rural England）。

图4.1　伦敦英迪森特宫（Indescon Court）的现浇混凝土楼板，图中可见钢筋网排布（textile）的质量

第4章　模板+饰面

"尽管混凝土聚合物中'设计的力量'被隐藏于薄薄的表层之下，并不可见，其表面仍然能展现出肌理——那是已不存在的结构留下的，也就是模板的痕迹。清水混凝土表面留下的这些可以追溯的痕迹，就如同'指纹'。'肌理'（texture）这个词，和文本（text）、织物（textile）同处一源，都是指织物（fabric）的意思——这也明确地说明了以前曾出现的'细工结构'（filigree construction）这个词的意思。"

安德鲁·德普拉泽斯（Andrea Deplazes）[1]

模板是现浇混凝土的基本保障。模板可以是临时的，也可以是永久的。临时模板可以分为两类：现场建造类，以木模板系统为典型，能够重复利用的可能性比较低；工程模板类，一般不是在现场制造，而是事先制造好的，根据选择的模板表面类型，可多次重复利用。本书第85～87页所介绍的日本萩市陶瓷工作室店铺（Sambuichi建筑事务所设计），则展示了临时模板以及其他类似材料的再利用可能性，即成为建成后的建筑的一部分。永久模板也可以被分为两类：一类是预制空心砌块，由纤维水泥或聚苯乙烯等材料制成，以砌块墙的形式出现，可以将水泥分阶段浇筑于其孔洞中；另一类为预制板材，如纤维水泥、增强塑料（reinforced-plastic）、织物、钢材或预制混凝土，在混凝土养护完成后，将脚手架拆去，这些材料就可以直接作为混凝土的表面材料。

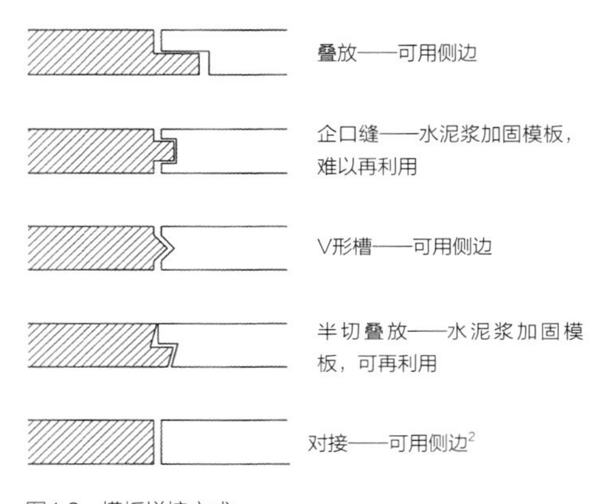

图4.2　模板拼接方式

模板本身的设计主要应是施工公司的工作，但建筑师和工程师也有责任对临时模板的最终效果进行规定和解释。例如，安藤忠雄的螺栓孔的位置就都经过设计，具有视觉上的连续性，即使从施工上讲不需要的位置，也会设置假螺栓孔。而对于永久模板，建筑师就必须经过更为认真的设计。可能需要建筑师或工程师根据对于整个复杂结构的整体影响来设计模板。由于施工公司通常最适合设计模板，建筑师往往会因推卸这方面责任，而失去对模板的控制，但在混凝土结构的施工中，模板工程在材料、时间、能源和成本等方面其实都占据了非常大的比例。同时还需要注意施工现场使用的木材是否为经过认证的可更新来源，如经过林业管理委员会（Forestry Stewardship Council）认证，即便是施工公司购买的用于临时模板的木材也

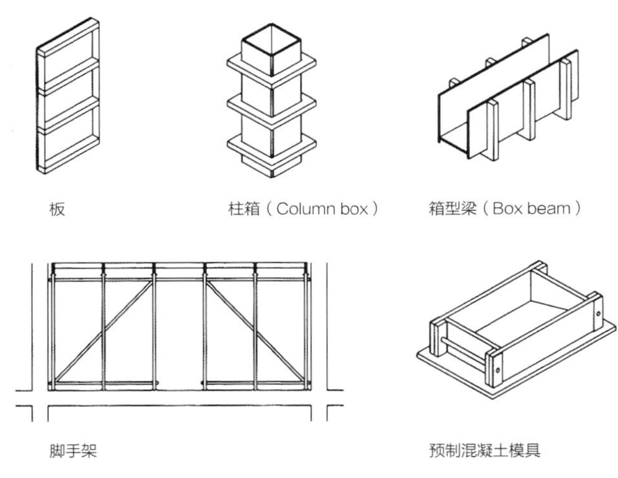

图4.3 模板工程主要类型

图4.4 光滑混凝土外墙——施工中的韦克菲尔德市赫普沃思博物馆，于2011年建成
建筑设计：大卫·奇普菲尔德（David Chipperfield）

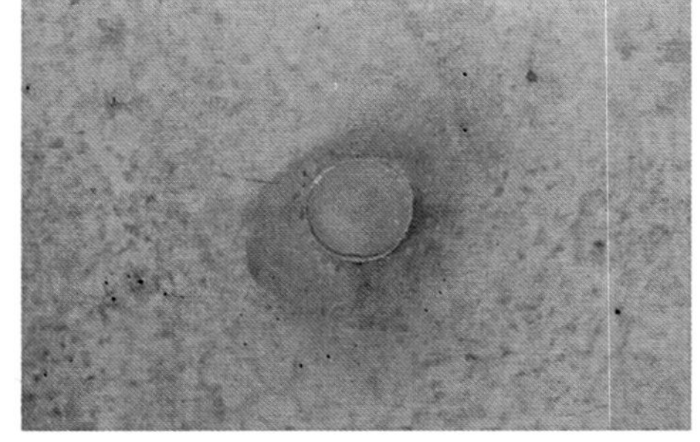

图4.5 光滑现浇深灰色自密实混凝土外墙，浇筑时采用Wisa® Form BETO模板，一种热塑涂层桦木胶合板

不例外。建造清水混凝土，还需要对模板尺寸进行精心匹配，采取修护措施，并将设备整合其中。

模板和施工的准确性

理解所选用混凝土类型能够实现的精度（potential accuracy）和当前应用的国家标准，是混凝土建筑最基本的出发点。同时，对于使用混凝土的项目而言，理解文脉，理解实现容差精确度（fine tolerance）所需要的潜在成本也是必不可少的考虑步骤。模板现浇混凝土的容差确定值（placement tolerance）可查阅《英国结构混凝土规范》（NSCS，National Structural Concrete Specification）。[3] 有特殊要求的建筑师可以在项目中确定一个更高标准的规范，或者在有可能的条件下改用预制混凝土。大卫·奇普菲尔德事务所为了能在赫

DK对拉螺栓系统

1. 表面粗糙螺栓（×1）
2. DK锥形密封圈（×2）
3. DK锥形混凝土（×2）

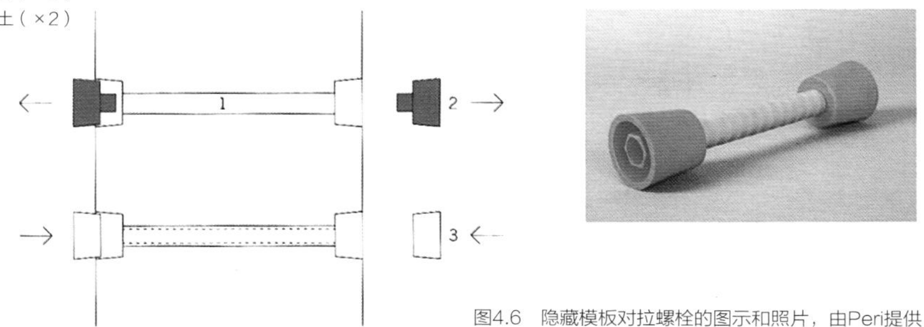

图4.6　隐藏模板对拉螺栓的图示和照片，由Peri提供

SK对拉螺栓系统

1. 对拉螺栓（×1）
2. SK锥形密封圈（×2）
3. SK锥形混凝土（×2）

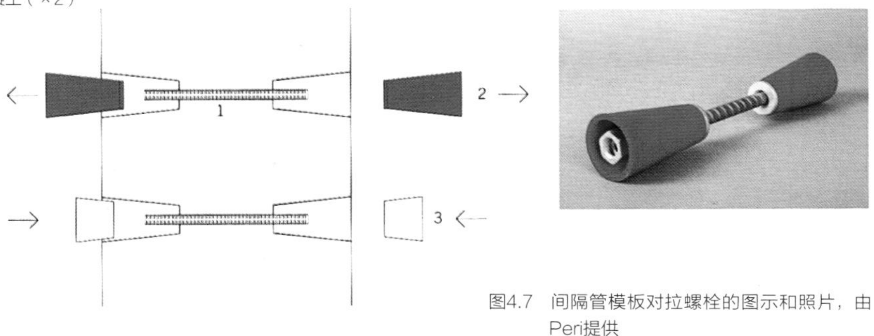

图4.7　间隔管模板对拉螺栓的图示和照片，由Peri提供

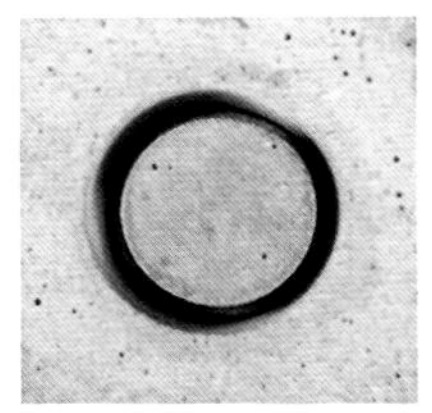

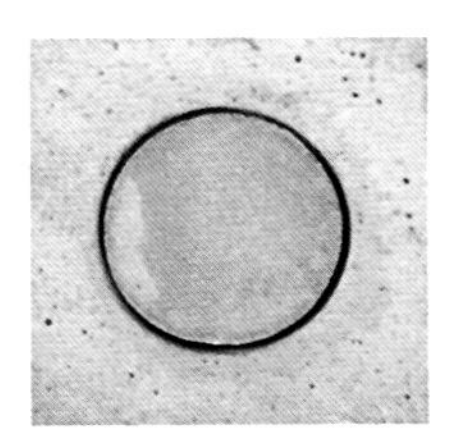

图4.8　预制锥形混凝土样品

图4.9 奈尔维在罗马小体育宫中使用钢丝网水泥模板（ferro cement formwork）覆盖于现浇混凝土三角圈梁之上

普沃思博物馆中获得光滑的模板现浇混凝土质量，要求主要施工方同意将模板的容差控制在±3 mm以内，而标准要求的容差则在±5 mm。而在确定容差之前浇筑的部分混凝土墙则需要拆除重建。对于模板工程施工细节的关注使得建筑获得了精美的外观，如图4.60所示。而为了实现罗马小体育宫施工的几何精确度，皮埃尔·路易吉·奈尔维则使用了钢丝网水泥模板，实际上是用工厂预制产品的精确性来控制现浇混凝土结构形状的精确度。

可重复利用模板

工地制作模板的费用可占混凝土施工成本总额的40%。为了降低成本，人们研制出多种类型的可重复利用模板系统，从墙面支模系统到铝台模等，以便重复浇筑楼板。将这些系统重复利用于多个工程的过

图4.10 墙面支模系统（wall panel system），正在用料斗浇筑混凝土

图4.11 预制铝台模（framed table formwork），也被称为飞模（flying formwork）

图4.12 用于浇筑上面一层楼板的铝台模，诺丁汉运河街工地

程，本身也减少了混凝土的蓄能。台模也被称为飞模，通过图4.11所示可以清晰理解其含义。这些系统可以分段（lift–by–lift）或分层（floor–by–floor）拆除并重复利用。对于重复的几何单元，可以选择隧道模板（tunnel formwork）。而对于高层结构，还有两种工期短、成本低的施工方式可供选择：爬升模板（climbing formwork）和滑动模板（slip form）。

爬升模板

一种连续不断爬升的建造方式，由此前已经硬化的混凝土支撑。模板不需要完全拆解即可用于下一段爬升。前一段的连接孔就成为两端之间的固定位置。米约

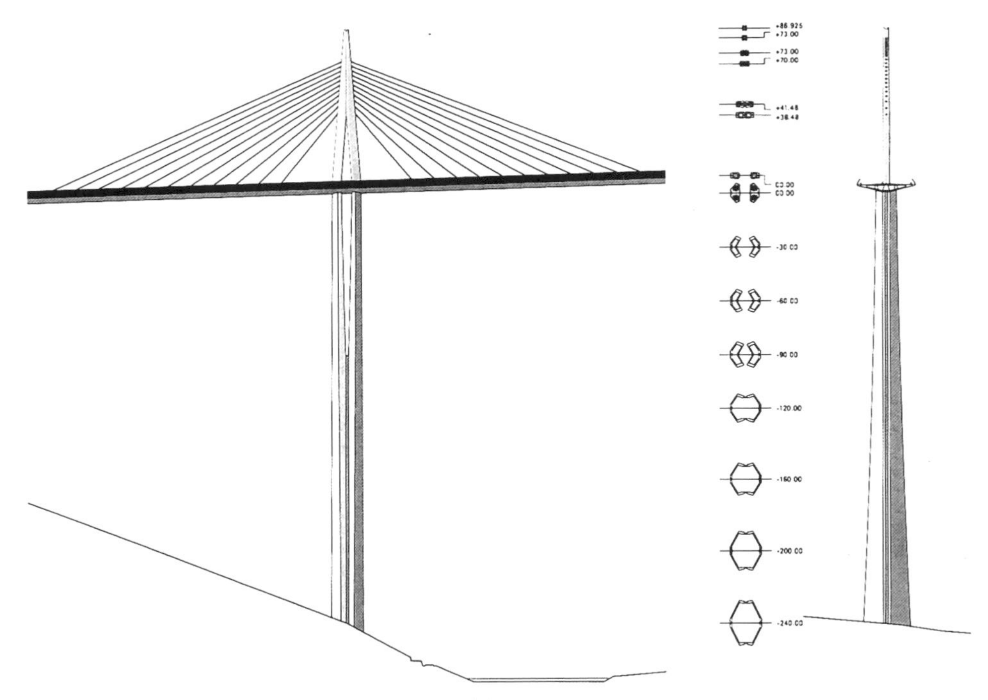

图4.13 福斯特事务所设计的米约高架桥剖面、平面和部分立面

图4.14 米约高架桥的混凝土桥塔，采用Peri公司的爬模技术建造

高架桥的桥塔采用了Peri公司的爬模技术建造。桥塔的剖面随着高度上升而逐渐收分。其模板由专门定制的钢模组成，以确保混凝土的质量。混凝土的浇筑以3天为一周期，模板通过水压方式不断爬升。这座高速公路桥横跨了法国南部的塔恩河谷（River Tarn valley），共有7座桥塔，高度从78 m到245 m不等。桥身位于90 m高处，其巨型结构为钢制。米约高架桥由福斯特事务所与Chapelet-Defol-Mousseigne事

图4.15 埃雷·摩尔发射塔，1970年建成
工程设计：奥雅纳工程顾问公司

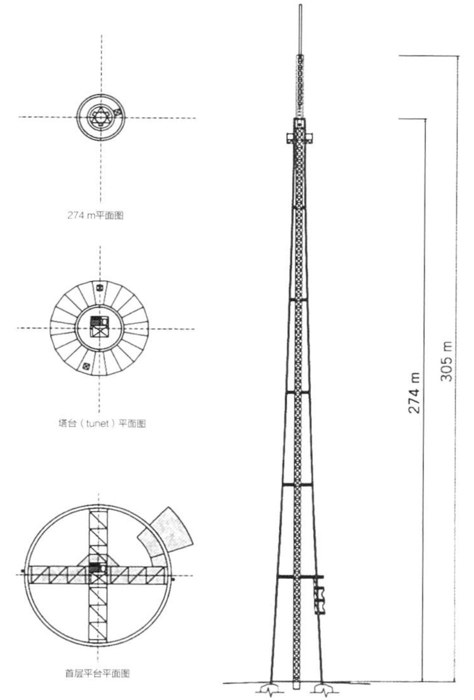

图4.16 埃雷·摩尔发射塔的剖面和主要平面

务所合作设计，其工程师来自Setra，由迈克尔·维洛热（Michael Virlogeux）领导。其他工程顾问公司包括EEG（Europe Etudes Gecti）、Sogelerg、SERF、Agence TER等。

埃雷·摩尔发射塔（Emley Moor Transmission Mast）是较早关于爬升模板作业的实例，由奥雅纳工程顾问公司设计，于1970年建成。这座电视塔是英国最高的独立式结构，高度为330 m。1969年3月19日，原有钢塔倒塌，使得人们决定修建一座新塔。新塔在22个月内建成并投入使用，这得益于爬模技术的使用。混凝土结构的塔身由Tileman & Co. Bartak and Shears建造，在44周内完成了122次爬升，因此创造了一项“最快爬升速度”纪录，平均每周爬升5次。[4] 塔身地面以上的主要部分为逐渐收缩的混凝土管桩壳体，高度为274.32 m，底座直径为24.38 m，混凝土壁厚为533 mm——塔顶直径则收分至6.4 m，壁厚为350 mm。将四个爬梯的竖向钢筋杆焊接在一起，即可作为塔身的防雷装置。塔顶安装了50.08 m高的玻璃纤维网格钢塔。

整个壳体结构消耗了7000 m^3的混凝土，最小抗压强度为强度为40 MPa（40 N/mm^2），同时消耗了600吨钢筋。爬升器高2.3 m，采用特殊制造的钢模板。外侧的模板由相互重叠且连接在一起的钢板组成，内侧模板则向外起拱。使用层叠的钢板便于形成细微的收分和减小半径，因此可以在体量减小后时进行更换。

滑动模板

不同于爬升模板，滑动模板的升高是持续的，贴着浇筑的塑性混凝土缓慢滑动，形成没有交接点的整体结构。这需要整个提升阶段的横断面是相同的，以确保模板连续上升的过程。施工必须保证每天24小时不间断进行，所有需要的设备都必须有备份，确保在发生任何失误的情况下能继续施工。出于这个原因，结构高度必须大于20 m，以抵消设备的成本。

隧道模板

这种可移动模板适合建造大型横墙结构且为重复的单元体，特别是跨度在2.4 m到6.6 m之间的房间，因此尤其适用于住宅和宾馆的主体结构建设。隧道由两个经过支撑的L形截面组成，置于前一阶段浇筑的混凝土之上。隧道一天24小时持续升高建成连续的楼层，可实现高速建造。隧道模板同样可以应用于工程结构，如道路和铁路桥的修建。斯蒂芬森·贝尔建筑事务所（Architects Stephenson Bell）曾使用隧道模板建造曼彻斯特自由贸易厅（Manchester's Free Trade Hall）保护扩建工程中的宾馆部分[《混凝土季刊》（*Concrete quarterly*）211期对该项目有更深入的报道]。[5]

图4.17　你觉得多快算建造得快？
关于隧道模板的广告，《工业化建筑：系统和构件》5（10），1968年10月

图4.18　施工中的隧道模板

图4.19　伦敦大学玛丽女王学生公寓的混凝土结构使用隧道模板的状况
建筑设计：菲尔登·克莱格·布莱德利工作室（Feilden Clegg Bradley Studio）

图4.20 墙体一号（Wall One）混凝土墙，由织物模板制成，建造者为爱丁堡大学和东伦敦大学的学生，由雷莫·佩德雷斯基和艾伦·钱德勒指导

柔性织物模板

柔性织物模板是一种塑造复杂混凝土形式的途径，同时相比传统模板系统，制造难度和成本都比较高。爱丁堡大学和东伦敦大学等高校，正在探索用织物浇筑混凝土来制造特殊结构构件的潜在可能，这项研究在雷莫·佩德雷斯基（Remo Predreschi）和艾伦·钱德勒（Alan Chandler）的指导下开展。20世纪70年代，米格尔·费萨克（Miguel Fisac）发展出雕塑感的织物预制混凝土板。加拿大织物模板方面的主要先驱是马克·韦斯特（Mark

图4.21 东伦敦大学使用织物模板（fabric formwork）建造的墙

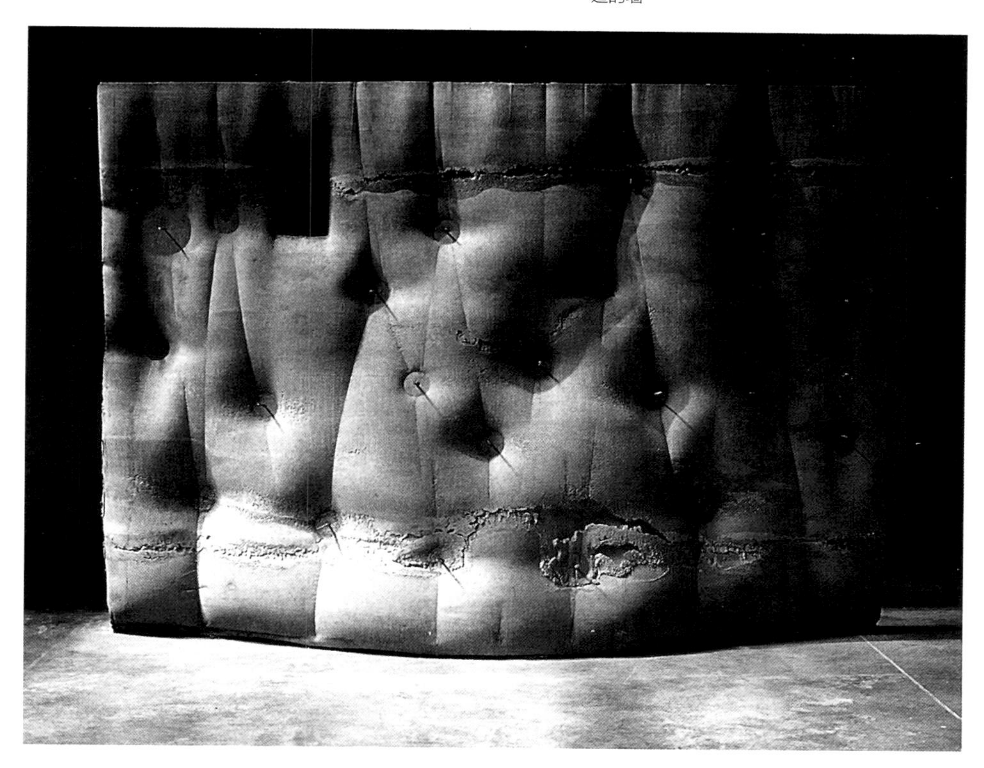

West），他从事此类结构建造的时间可以追溯到1986年。2003年，费尔南德斯·加利亚诺（Fernandez-Galiano）使用网状模板支撑的弹性塑料浇筑出混凝土面板的表面图案。

织物模板能够经济地生成梁、柱、墙体等有效结构构件。织物具有的灵活性使其可以通过张力承受荷载，混凝土的形式就由织物的弹性和预拉力决定，因而能够承载塑性混凝土的重量，适应于大多数有效形体。制造织物浇筑混凝土板，首先需要将织物覆盖于可重复利用的钢模板或木模板上，在适当的点用杆件压紧，由此在混凝土表面形成涟漪般的效果。这一过程中的难点是控制织物的形态和变形，确保一旦将塑性混凝土浇入其中就能获得需要的形状。

已使用的织物包括棉、聚酯纤维、纺织类和无纺类等多种类型，但无纺布不易从混凝土表面去除。选择何种类型要根据需要的肌理效果和预算决定。织物的孔隙使其能够渗出空气和多余的水分，有助于混凝土的凝结，并因此增加了最终形成的混凝土表面的密度。织物的渗透性也能够控制表面的不规则状况，因为混凝土表面会留下织物的肌理，并减少气孔生成。

如需了解更多关于织物混凝土的信息，请参阅艾伦·钱德勒和雷莫·佩德雷斯基所著《织物混凝土》（Fabric Form work）。[6]

图4.22 基座细部——显示了织物模板浇筑的混凝土的表现力

图4.23 爱丁堡大学制作的混凝土梁，由于利用了织物模板本身的特性，其形态反映出结构的弯矩图

触觉工厂（*The Tactility Factory*）

触觉工厂，是由露丝·莫罗（Ruth Morrow）和翠西·贝尔福德（Trish Belford）开展的研究项目，提供了将织物与混凝土结合的另一种方式。项目主要专注于制造室内构件，织物的肌理作为饰面元素保留于混凝土中，呈现了细腻的装饰效果。我认为这与威廉·莫里斯（William Morris）的倾向不谋而合。她们的目标是创作新的“柔软”的建筑表皮，这挑战了通常将织物作为结构“衣服”的观念，而将织物技术与建筑构件的生产结合起来。视觉和听觉上的柔软，能让室内清水混凝土产生温暖的感觉——同时也有助于增加暴露的热质量，减少室内回声。莫罗和贝尔福德发展了织物混凝土的处理方式，其充分创新已达到专利保护的水准，包括他们的亚麻混凝土处理。

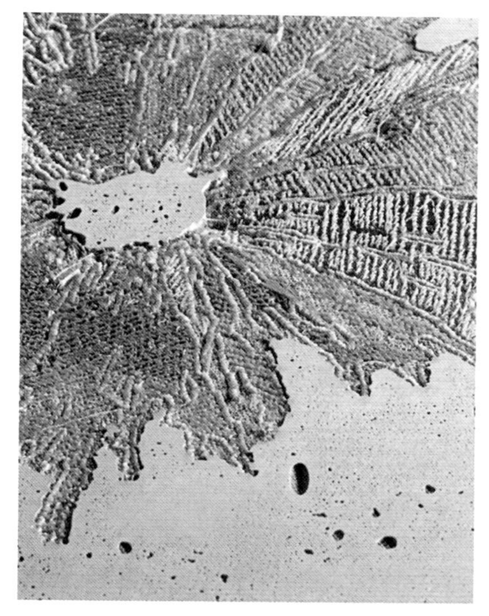

图4.24 莫罗和贝尔福德创作的针脚混凝土，获2009年都柏林皇家学会国家手工艺竞赛多媒体大奖

图4.25 莫罗和贝尔福德创作的一条7.5 m长的饰带，2009年用于Derry Play住宅翻新装修中

永久模板

避免临时模板成本的方法之一，是将模板结合到建筑的整体装配之中，例如混合结构中的预制构件。通常而言，永久模板在最终完成的结构中是可见的，因此需要经过谨慎的设计考虑。本书第6章将对此进行更深入的探讨。目前已开发出永久保温模板系统，能够为混凝土在硬化过程中提供结构支撑，并将有效保温层结合其中。

混凝土保温模板（ICF）为干式建造（dry construction）的轻质连锁空心砌块（hollow interlocking block），结合保温材料，如发泡聚苯乙烯（expanded polystyrene）制成。将混凝土注入空隙中，砌块模板将得到保留，作为保温层。使用这种方法，由于取消了临时模板装置，可以节省材料和时间，同时完成了保温层。在诺丁汉大学建筑和建成环境学院的第一创新能源之家的地下室建造中使用了Logix公司的混凝土保温模板，地面以下的ICF墙体厚度为298 mm，U值为0.2 W/m^2，结构芯材使用了矿渣混凝土。

巴斯夫创新能源之家（BASF's Creative Energy Home），是在诺丁汉大学建造的第二座能源之家，同样使用了Logix公司的混凝土保温模板。为了提高性能，混凝土保温模板采用了由巴斯夫（BASF）生产的聚苯乙烯Neopor®。由于其中含有石墨，呈现出银灰色。更重要的是，Neopor®比聚苯乙烯的保温性能更好，可以减少50%的原材料使用。为了将U值降低到0.15 W/m^2，项目采用了相对更厚的55 mm的Neopor®保温层，使得墙体厚度达到300 mm。目前已经研发出超级保温的混凝土模板，Logix公司通过使用带有Neopor®的356 mm厚的混凝土保温模板，可以将U值降低到0.075 W/m^2。

图4.26 使用混凝土保温模板建造的第一创新能源之家的地下室

图4.27 诺丁汉大学建筑和建成环境学院的学生，正在绑扎混凝土保温模板的钢筋，准备将矿渣混凝土泵送到结构内芯中

图4.28 混凝土保温模板建造的地下室墙体

图4.29　将混凝土泵送到保温模板中，诺丁汉大学巴斯夫创新能源之家

通过使用巴夫斯公司的添加剂Rheocell，可对加入混凝土保温模板内芯中的混凝土可以进行泵送。同时使用此类添加剂也可减少沙子等细骨料的使用。

消失模板

这座位于德国沃森多夫（Waschendorf）农田中的小教堂，是献给一个中世纪乡村神秘主义者尼克劳斯·冯·弗吕（Niklaus von Flüe，1417～1487），人称克劳斯兄弟（Brother Claus）的。其建造方式被建筑师彼得·卒姆托形容为“夯土混凝土”（a rammed concrete）。建造过程中，首先竖起一座由若干树干组成的塔，形成建筑高12 m的内核，随后由“农户”在其外浇筑混凝土，每天施工500 mm，持续了24天。最后将树干烧掉，形成室内丰富而被灼黑的肌理。尽管显然是当代的建筑，但教堂仍然拥有原始而永恒的特质，其顶部有向自然敞开的洞口，地面则是铸铅板。

图4.30　克劳斯兄弟小教堂（Bruder Klaus Kapelle），2007年建成
建筑设计：彼得·卒姆托（Peter Zumthor）

图4.31 克劳斯兄弟小教堂室内

卒姆托的建筑以其个人将建造的实践需求融入诗意的表现而著称，他的作品总能用光使得空间生动起来。在克劳斯兄弟小教堂中，螺栓将内外的模板连接在一起，同时抵御燃烧时塑性混凝土的压力变化，完工后，螺栓孔在外墙上暴露出来，在内侧则镶嵌上玻璃透镜。熏黑的室内空间通过这一建构表达而被闪耀的光芒激活。

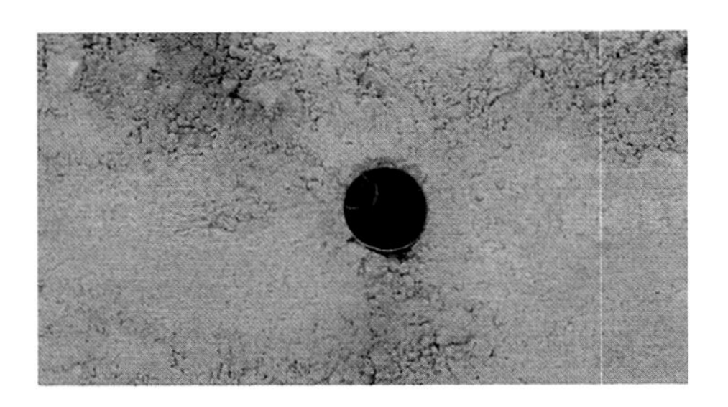

图4.32 克劳斯兄弟小教堂“夯土混凝土”外墙上留下的模板螺栓孔

混凝土饰面

对于许多建筑师而言，决定混凝土的饰面和颜色是项目形成特色的关键。混凝土可以实现异常丰富的饰面效果，可以浇筑得非常光滑，可以具有模板的纹理，也可以经过后期加工，进一步增加纹理的效果。甚至可以在混凝土养护完成后通过打磨产生类似大理石的状态，外观如同镜面一般。当代模板的构造技术能够通过模板

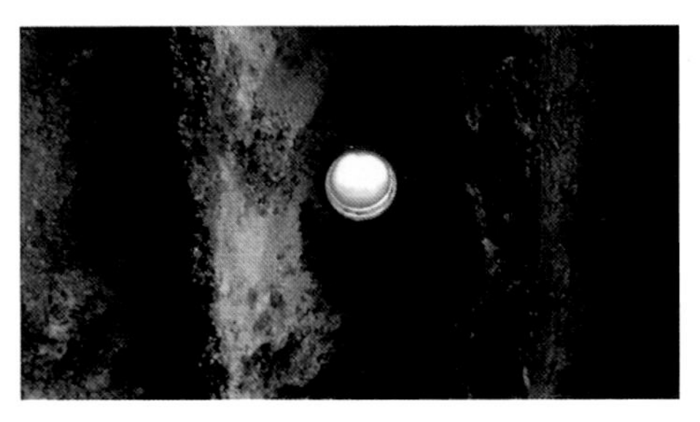

图4.33 克劳斯兄弟小教堂经过燃烧熏黑的室内，模板螺栓孔中安装的透镜

图4.34　伦敦康宅（Kahn House）
建筑设计：drdh建筑事务所

表面的凹凸纹理得到充分表达。除非经过非常显著的特殊处理，所有状态的混凝土在本质上都会体现出因选择不同模板而具有的特征。

后期处理包括机械加工和化学加工方式。需要在一开始就进行规划，并需要精心设计合适的混凝土面层和钢筋间距离，在需要暴露骨料的情况下，还必须考虑到骨料的颜色对混凝土整体形象的影响。本章随后介绍的混凝土机械加工的方法，可以图4.55的伦敦摄政动物园大象及犀牛馆（建筑师为Cason and Conder）为例，化学加工方法则以赫尔佐格和德梅隆的埃伯斯沃德图书馆（Eberswalde Library）为例（见图4.59）。

图4.35 哥本哈根皇家图书馆（Royal Library Copenhagen）的中庭，采用了如诗般光洁的现浇混凝土，并将螺栓孔露出
建筑设计：施密特·哈默·拉森（Schmidt Harmer Lassen）

浇筑

浇筑混凝土时，决定饰面类型的首要条件是模板面层材料的选择。

- 光滑的板材，如钢、玻璃钢（GRP）或表层为玻璃钢的板材；
- 有显著纹理的木材，一般为松木或云杉；
- 高分子聚合物面层，如塑料膜或硅胶；
- 有褶皱或棱纹的模板，一般为木材制成的模具。

决定使用何种类型的模板，会影响到混凝土表面的肌理和色彩。使用不同类型的模板材料会导致不同程度的渗透率。模板系统表面材料的渗透能力强，或是吸收能力强，都会影响混凝土面层中拌合料的含水率，并因此对混凝土表面的颜色产生作用。光滑而不渗水的模板会让混凝土表面的色泽不均匀。尽管不渗水模板不会为混凝土表面增加产生不必要的颜色，但通常由于滞留的气泡无法通过模板材料逸出，而需要使用螺栓孔。渗水性同时受到模板重复利用次数的影响。完全不渗水的模板可以使用上百次，而渗水性能很好的模板则只能使用一次。表4.1可以作为模板表面材料选择的指导。

模板表面材料选择指导 表4.1

材料类型	渗水性	色彩和肌理效果	螺栓孔/瑕疵	重复利用
钢（钢片或钢板）	完全不渗水	光滑的表面会形成不规则的暗色。通过在第一次使用前对钢板进行喷砂清洁，可使混凝土获得统一的浅色，形成光滑的表面肌理	很可能会有螺栓孔	500次以上
玻璃钢（GRP）	完全不渗水	形成光滑而浅色的表面	很可能会有螺栓孔	100余次
各类覆酚醛树脂覆膜桦木夹芯板[超强耐磨（Heavy Duty Overlay）或称HDO]	渗水率极低	混凝土表面光滑，但会因模板光滑而导致颜色变深。斑点会随着混凝土的使用而逐渐变浅	很可能会有螺栓孔	50余次
覆浸渍树脂膜（resin-impregnated film）红杉木夹板[中度耐磨覆膜（Medium Duty Overlay，简称MDO）]	低渗水率	混凝土表面颜色较上述类型更为不均。会因模板非密封边缘吸水而产生深色线条。木板上的纹理会透过MDO，在混凝土上留下痕迹	螺栓孔数量较上述类型少	10～20次
非封闭夹芯板[芬兰桦木（Finnish Birch），红杉（Douglas Fir）及其他木材]	中度渗水率	木材吸水性强的位置会在混凝土表面留下深色斑点，斑点会随着混凝土的使用而逐渐变浅。木材肌理可见	较少或没有螺栓孔	10～20次
光滑木板（枞木或杉木板，表面光滑）	中度到高度渗水率	混凝土表面可见板之间的接缝，并显示木纹理。表面光滑，色泽均匀	较少或没有螺栓孔	10次以上
锯木板（枞木或杉木板，表面有粗糙的锯木纹理）	中度到高度渗水率	混凝土表面可见板之间的接缝，并显示木纹理。色泽均匀，有一定不规则但较为细腻的纹理	较少或没有螺栓孔	4～5次
渗透率可控模板（Controlled permeability formwork，简称CPF）——微孔塑料衬里（plastic sheet lining）	材料表面的小孔对空气和水都有极高的渗水率	混凝土因CPF而有细腻的质地，但因表面水分少而颜色较深	无需螺栓孔和表面水	只能使用1次

光滑模板

光滑的混凝土表面可以直接反映所选模板的材料。钢既能产生光滑的饰面效果，还可以多次重复使用；德累斯顿新犹太会堂的混凝土砌块由钢模具制成（图3.13～3.15），米约高架桥的桥塔也采用了钢模板（图4.14）。通常，钢模板会使得颜色比原拌合料更深，同时在垂直表面上形成气孔。如果希望光滑模板实现较好的成本效益，可使用表面为玻璃钢的夹芯板。光滑悬挑形式，如Powergen运营总部的楼板，就是通过在玻璃钢模具内浇筑实现了良好效果（图3.22～3.24）。平滑的单曲面模板可以使用覆热塑性涂层的桦木胶合板支撑。弯曲的过程中不用担心涂层开裂，其厚度只有0.3 mm。UPM-Kymmene公司可生产包括维萨板（Wisa®Form）在内的热塑涂层曲面胶合板模板。

爱尔德里奇·斯莫林设计的位于萨里（Surrey）的Deodar住宅采用了三角形的柱子，采用了表面为玻璃钢的聚苯乙烯模板Rapidobat®，制造商为H. Bau Technik。尽管柱子是由硅酸盐水泥浇筑的，但光洁如镜，有大理石般的效果。最初建筑的顶板拟采用三角形网格，后来被更改为正交网格，如图4.37所示。

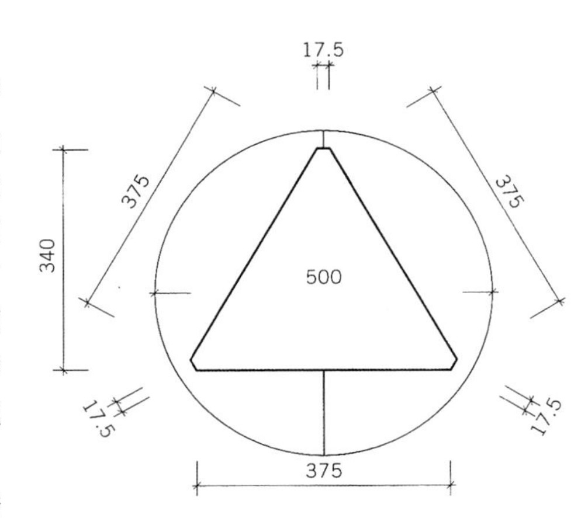

图4.36　Deodar住宅混凝土柱模板的规则排列
建筑设计：爱尔德里奇·斯莫林（Eldridge Smerin）

图4.37　Deodar住宅混凝土结构
建筑设计：爱尔德里奇·斯莫林

锯木模板内层

使用锯木作为模板内层（Lining）可以充分展现混凝土的可塑性，混凝土的表面肌理与其筑造材料形成呼应。由丹尼斯·拉斯顿设计的位于伦敦的英国国家剧院是严格采用横向条纹板形成混凝土肌理的典型代表。拉斯顿选择这类饰面，旨在通过混凝土的肌理诠释剧院建筑的整体理念，将其视作泰晤士河畔一处新的层叠式景观，或者说层叠式地景。与之相对，建筑的井式楼板则采用了光滑的玻璃钢模具。

康宅是伦敦北部维多利亚早期阶梯式建筑的改造案例，由drdh建筑事务所设计。经过若干年，其特征已经发生了显著变化：增加了一个楼层，开挖了地下室，甚至连承托界墙的基础都有部分被切

图4.38　英国国家剧院（National Theatre），伦敦
建筑设计：丹尼斯·拉斯顿（Dennis Lasdun）

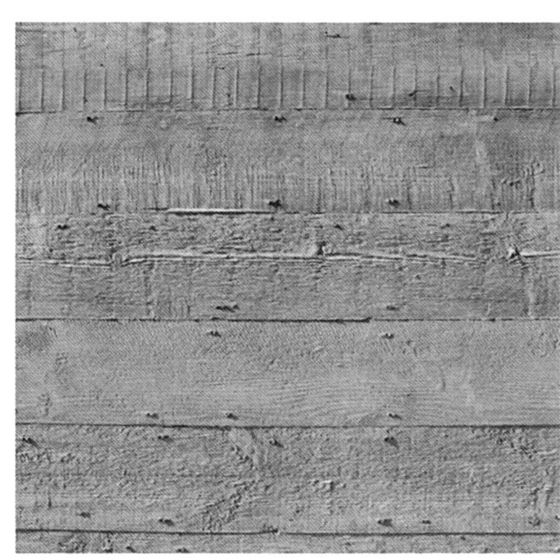

图4.39　英国国家剧院混凝土上的模板痕迹

图4.40　英国国家剧院井字楼板1：10石膏模型，由安娜·克罗斯比制作，用于研究其结构和混凝土浇筑方法（见第140～141页）

断了。本项目的发展源于结构的加固和增加新的空间。混凝土成为项目建构的核心。drdh的丹尼尔·罗斯伯顿（Daniel Rosbottom）对于选择红杉板作为模板是这样解释的："红杉木板的含糖量较高，这使得混凝土中最为细腻的颗粒会在干燥过程中逐渐渗透到外表面，不会彻底固化。当拆除模板后，木材的纹理将会带走细腻颗粒，在混凝土上留下木板清晰的印记。"

同种类型的木材也被用于室内，通过对模板的统一协调控制，使得工程将木材纹理的温暖与对混凝土表面的木材记忆结合起来，见图4.34。罗斯伯顿这样解释：

"我们与施工方做了一系列小型测试浇筑，研究使用何种混凝土拌合料，以及拆除模板前需要的养护时间。我们还经过若干浇筑测试，确定混凝土的颜色。最初，我们希望支架（armature）能使用较白的混凝土，通过掺入大量石英，使其表面闪耀光芒。但在伦敦寻找这些资源很困难，也没有人愿意提供如此少量的拌合料供我们使用。所以，我们决定使用标准的拌合料，放弃20 mm的骨料，改用10 mm的骨料，我们对结果非常满意。在伦敦的项目，就应该使用伦敦的混凝土，因此掺入了海滩的砂子。温暖的灰色调非常适合本项目，为室内增添了温暖的表面质感，是个好选择。"[7]

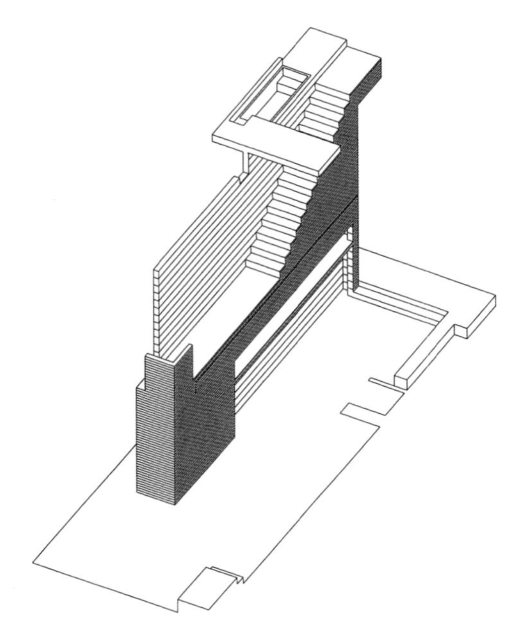

图4.41 伦敦康宅地下室楼梯轴测图
建筑设计：drdh建筑事务所

斯温德街85号，是爱尔德里奇·斯莫林建筑事务所在伦敦海格特设计的新建筑，同样对混凝土的模板肌理进行了协调统筹。整个住宅由99 mm的竖向网格控制，这一模数来自楼梯的布局和与相邻的斯温德街87号共用的墙体。180 mm的楼板区域则被用作协调尺寸。楼梯梯步从混凝土墙体悬挑而出，梯步和墙体都是现场浇筑的，其混凝土采用了来同一炉的硅酸盐水泥，用榫接的方式固定到位。这座住宅的混凝土显得相当精致，视觉效果部分来自于建筑师对室内细木装修的精确控制——包括漆面中密度板和沼泽栎木等。细木装修在视觉上与混凝土相协调，既展现了精致的效果，也使得细腻的栎木与混凝土粗犷的质感产生对比。

图4.42 斯温德街85号（85 Swains Lane）带有模板纹理的混凝土
建筑设计：爱尔德里奇·斯莫林建筑事务所（Eldridge Smerin Architects）
工程设计：埃利奥特·伍德（Elliot Wood）

图4.43 爱尔德里奇·斯莫林的室内东侧立面图，绘出经过统一协调的模板肌理，甚至还包括螺栓孔

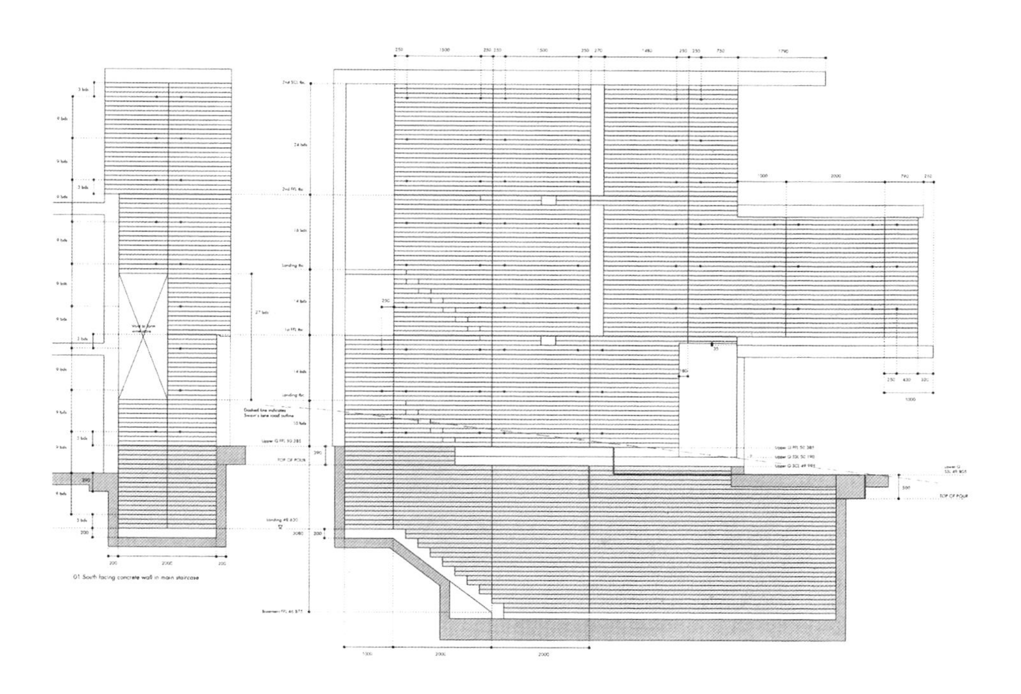

图4.44　北爱尔兰兰德尔斯镇琼斯住宅（The Jones House in Randalls Town），2005年建成
建筑设计：艾伦·琼斯（Alan Jones）

图4.45　使用OSB模板的混凝土

图4.46　琼斯住宅起居室

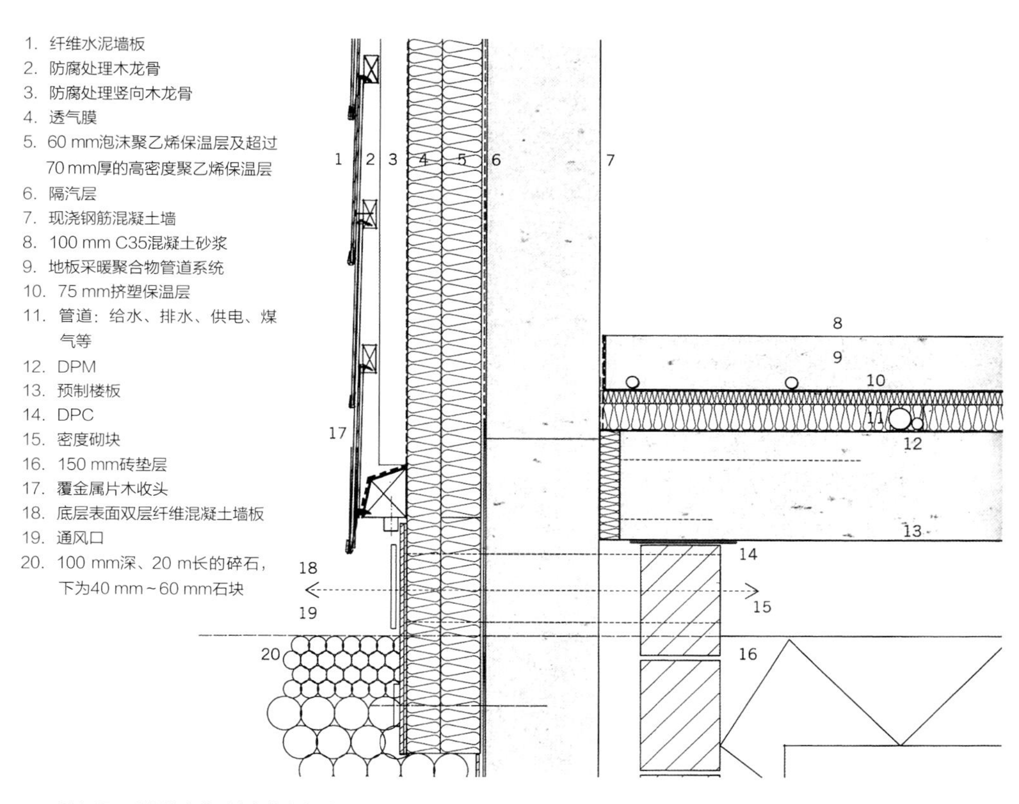

图4.47 琼斯住宅典型底部墙身构造

北爱尔兰兰德尔斯镇的琼斯住宅，是首个使用定向刨花板（oriented strand board，OSB）作为模板面层的项目。建筑师艾伦·琼斯特意选择价廉的OSB板作为其“琼斯住宅”外墙模板，原因包括以下几方面：

- 模板的经济性；
- 能够使用相对低技的劳动力；
- 肌理；
- 形成抹灰底层（key for plaster）；
- 独创性。

琼斯之所以使用这类板材，是希望在混凝土表面留下随意、半自然的印记。采用这种特殊的饰面不仅由于它能够隐藏施工中的缺陷，同时也是为了让建筑能与周围的荒野环境产生视觉上的联系。艾伦·琼斯发现“使用定向刨花板作为模板，对于现浇施工工艺的要求不高，价格便宜而且纹理自然，与周边环境能产生视觉联系。尽管刨花板上的肌理是人工形成的，但看上去仍然与秋天林地上的落叶如此相似。”[8] 定向刨花板的耐久性较差，因此模板使用次数不能超过2次。但随后还可以在项目的现场安全防护中得到再利用。住宅室内为清水混凝土作为构造蓄能，具有精美的天鹅绒般的肌理，成为非常惹人喜爱的混凝土。

硅胶模具内衬

由恩瑞克·米拉莱斯和RMJM设计的新苏格兰议会大厦，于2004年建成，其中使用了很多形式和面层都非常精致的预制混凝土构件，如果没有数字制造技术，其费用将会非常昂贵。这些构件包括拱形楼板和内墙，辩论厅外围护层，新闻塔和面向修士门（Canongate）的外墙。

最后这一构件的繁复图案，是其中最大的挑战。大量构件为弧形，且嵌入恩瑞克·米拉莱斯所绘制的爱丁堡城市天际线的图案。RMJM为每个构件都制作了三维电脑模型，通过模具制造商转换为机器代码，并购买了五坐标数控机床雕刻机（five-axis CNC router）进行图案和模具的制作。首先使用雕刻机在中密度纤维板上雕刻出

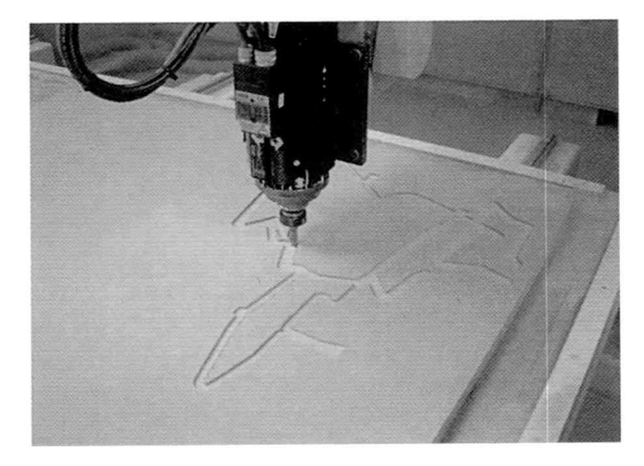

图4.48 数控机床对中密度纤维板进行雕刻，以制作硅胶垫层，用以浇筑苏格兰议会大厦的预制混凝土
建筑设计：恩瑞克·米拉莱斯（Enric Miralles）和RMJM

图4.49 预制木模具内的硅胶衬里

图4.50 苏格兰议会大厦预制混凝土板

全尺寸的图案，作为浇筑硅胶垫的原始模型。随后预制厂商Malling Products将硅胶垫置于木模具中作为垫层，并将混凝土浇入模具中。硅胶垫层的优势在于，每个单独的图案模板都能放置于标准的模具之中，从而生产出所有的外墙构件。同时，硅胶也适于放置在最初经过弯曲的中密度纤维板上。

安德森宅位于伦敦牛津广场（Oxford Circus）附近，建筑师杰米·法伯特在现浇混凝土墙的建造中使用了一种非常新奇

图4.51 从修士门方向看苏格兰议会大厦，爱丁堡，2009年

图4.52 安德森宅（Anderson House）
建筑设计：杰米 · 法伯特（Jamie Fobert）

的技术。他在木模板内衬上玻璃纸，在混凝土表面留下褶皱和断断续续的效果，因此产生了意想不到而又丰富的感受。这实际是一个试验阶段，而法伯特在另一个项目中因业主拒绝这一效果而不得不拆除用类似方法浇筑的混凝土。

图4.53 安德森宅“皱纹”混凝土顶板

让·努维尔随后在哥本哈根所作的丹麦广播公司音乐厅中使用了这类皱纹混凝土，在混凝土浇筑时衬纸，获得了类似但相对柔和的皱纹效果。这被弗朗西斯·斯泰西用作名为“从不在任何地方停留”（2009）的装置的一部分。斯泰西使用普通的建筑材料在空间中创作。

图4.54 从不在任何地方停留（Never Setting Anywhere，2009年）
艺术家弗朗西斯·斯泰西用木材镶嵌和混凝土黏制

褶皱模板或棱纹模板

有棱纹的表面通常是在模板内表面固定木条，再将混凝土浇筑其中而形成的。伦敦摄政公园大象及犀牛馆（1965年由Cason and Conder设计），是棱纹混凝土效果得到充分表达的案例。外表面的棱条经过机械加工，暴露出骨料；被称为神奇地点明了建筑的使用者。[9]预制混凝土经常高度模具化，通常这些由技术精湛的细木工制作，形成预制模具的表面。CNC线条是达到类似效果的一种替换方式。

重复使用模板

21世纪社会准则的关键，是减少或避免浪费，对于模板来说即为可重复使用系统。正如上文所述，使木模板能用于整个项目，也是对项目有益的措施。

图4.55 伦敦摄政公园大象及犀牛馆
建筑设计：Cason and Conder

过去不清楚木模板以后能做什么用，通常就直接烧掉了。为了避免此类浪费，日本萩市陶瓷工作室店铺（Sambuichi建筑事务所设计）在窗模板和楼板中重复使用了雪松木模板。因此楼板的施工使得顶棚的木纹效果如同其下方地板木纹的镜像。将浇筑混凝土墙体的模板用作临近窗户的百叶窗，也产生了相似的效果。这个项目将混凝土竖向结构和生成它的元素并置，呈现出经过充分设计的模块性。

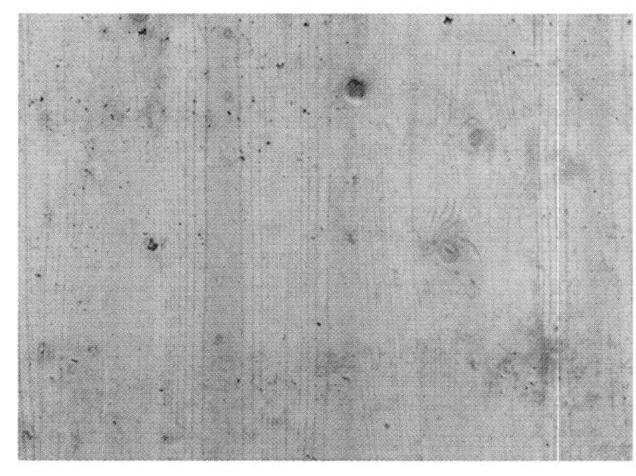

图4.56 萩市陶瓷工作室店铺的木模板和由其产生的混凝土

图4.57 日本萩市陶瓷工作室店铺室内完成状态
建筑设计：Sambuichi建筑事务所

图4.58 将木模板保存起来，用于浇筑工作室的地板

机械加工

浇筑的混凝土表面可以通过机械处理产生各种不同效果——实际上这些方法基本来自石匠处理石材的方法。主要技术包括：

• 剁斧石：手工或机器在表面施作，使用凿毛锤，深度约为6 mm。

• 梳凿（comb chiseling）：手工或机器在表面施作，使用枕凿（bolster chisel），深度为4 ~ 5 mm，不适用于硬骨料情况下。

• 浮雕：使用枕凿或石匠锤在表面施作，深度为5 ~ 6 mm。

• 点凿（point tooling）：使用尖头凿（pointed chisel）在表面施作，深度为5 ~ 10 mm。

• 研磨：表面被磨掉4 mm，可显示工具痕迹。

• 细磨：首先铿掉表面，再精细研磨，去掉的总厚度约为5 mm。

• 抛光：使用精细研磨剂在表面施作，去掉厚度约为5 mm。

• 喷磨（blasting）：使用砂子、水和砂子或是钢珠喷射到表面，去掉厚度为1 ~ 2 mm。

• 火烧纹理（flame texturing）：将硬化后的混凝土置于3200℃的火焰下，去掉厚度为4 ~ 8 mm，并产生粗糙的表面效果。

欲了解更多关于表面加工的细节，请参阅《DIN V 18500：2006-12 Cast Stones》。

机械加工可作为处理浇筑混凝土视觉效果问题的方法。在dRMM建筑事务所设计的One Centaur Street项目中就出现过此类情况，是通过浅色喷砂处理，将混凝土表面的水泥去除而解决的（见图5.1）。

化学加工

混凝土表面也可以通过化学试剂进行处理。方法包括：

• 酸性侵蚀：通过去除混凝土表层的水泥，将骨料暴露出来。通常使用稀释的酸液侵蚀，随后将酸液冲洗干净。

• 阻滞剂（retardant）：通过在模板或模具中使用表面阻滞剂，阻止水泥凝结。随后进行清洗，去除表面未硬化的水泥和沙子，通常深度为2~6 mm。刚刚浇筑或是尚未养护完成的混凝土也可照此处理，但必须立即清洗。

数字转印阻滞

由赫尔佐格和德梅隆设计的埃伯斯沃德图书馆的外墙面，将一系列照片印花混凝土与玻璃板相结合——图像是与艺术家托马斯·拉夫（Thomas Ruff）合作选择的报纸、杂志和个人照片。首先通过丝网印刷技术将图像转到塑料胶片上，再使用阻滞剂（cure retardant）代替油墨，将其转移到混凝土上。印刷立面更深远的渊源来自意大利文艺复兴时期公馆使用的五彩拉毛装饰（Sgraffito）技术，直到今天在瑞士阿尔卑斯地区仍然可见此类传统农舍。这一方法需要使用深色石膏，罩以较浅色的抹灰，并在上面雕刻花纹。

印刷胶片被置于模板内侧，将混凝土浇筑其上。根据图像色调的变化，在丝网上施加不同强度的固化剂，使得混凝土的干燥时间随之而有所不同。当混凝土凝结脱模后，表面有阻滞剂的位置仍然是湿润的。使用刷子清洗混凝土板，未凝结的混凝土就被冲掉了。这使

图4.59 埃伯斯沃德图书馆（Eberswalde Library）——混凝土表面的蚀刻图像
建筑设计：赫尔佐格与德梅隆

得混凝土板上暴露的部分具有不同的深度。颜色较深、较为粗糙的部分与光滑的原有表面形成对比，产生像素化图案的视觉效果。这一独特的视觉效果很难预期，因为天气条件会对阻滞剂的硬化时间产生影响，也因此使得没有两块混凝土板的效果是完全相同的，除非其生产过程经过严格控制确保一致。

图4.60 赫普沃思博物馆（Hepworth Museum），韦克菲尔德（Wakefield）
建筑设计：大卫·奇普菲尔德

色彩

完成后的混凝土的色彩，受到拌合料和浇筑方式两者的影响。拌合料中最细腻的颗粒对表面色彩的影响最大。如果不使用颜料，拌合料中最细腻的颗粒应该是水泥，因此，水泥的颜色对混凝土影响最大，这是因为拌合料中较细的部分总是更容易渗透到表面。为了保持统一的色调，就需要始终采用同一来源的水泥。砂子的颜色也会产生重要影响，特别是在砂粒非常细的情况下（所谓的“超细”），而如果对表面进行后期加工，骨料本身的颜色也会起到重要作用。如果需要统一的色调，就需要对拌合料进行严格把控（如第2章所述）。

色彩同时也受到水泥的不同类型、其在拌合料中的比例以及在模板中的养护时间影响，通常养护时间越长，颜色就越深。制作模板的材料本身的特性也会产生影响，其关键要素在于模板表面的吸水性能，油或脱模剂导致的褪色，以及水分和水泥的流失。需要考虑到拌合料的所有组成材料，并经过试块或样品构件的测试。例如，使用高炉矿渣的水泥颜色就与使用粉煤灰的非常不同。使用没有涂层的新木板浇筑混凝土，吸收的水分会比使用旧模板要少，因其吸水性较小。

图4.61 芬兰赫尔辛基Mustakivi学校和社区中心的染色混凝土面板
建筑设计：ARK-house arkkitehdit Oy

可以在拌合料中加入颜料来改变颜色。通常颜料的颗粒大小为50微米，作为拌合料中最细的颗粒，会显著影响混凝土的色彩。颜料会在与灰色的硅酸盐水泥混合后形成微妙的色彩，而在与白水泥混合时变得更浅。为了让色彩持久，必须耐晒和耐碱。大卫·奇普菲尔德建筑事务所设计的赫普沃思博物馆，在采用硅酸盐水泥现浇混凝土时，加入了4%的颜料。建筑师将这一颜色称为“赫普沃思棕”。赫普沃思博物馆现浇混凝土的颜色，会根据天气条件的改变而呈现出从钢板似的灰色到紫红色的变化。由Lanxess公司生产的这种颜料，将黑色和红色以82.5：17.5的比例混合在一起。混合配比来自试样和实体模型，同时还使用了自密实添加剂以减少气泡。同时经过精心设计，在模板表面涂刷了脱模油（release oil），并设有防渍涂层（anti graffiti coating）。

酸性染料中通常含有水、盐酸和可溶于酸的金属盐。通过使用可保持液体均匀分布的技术，可将此类混合物用于清洁和加湿混凝土表面。染料能够渗入混凝土表面，与混凝土混合物中的水化石灰起反应，在混凝土表面造成轻微的蚀刻效果。同时又反过来让金属盐更容易渗入，形成永久性染色。发生化学反应后会产生气泡。一旦起泡停止，就用水多次冲刷表面，通常在水中加入碳酸钙中和酸性物质。再对表面进行擦洗，尽量去除孔洞中的粉状物质。

图4.62 诺丁汉当代艺术馆（Nottingham Contemporary），2009年对外开放
建筑设计：卡鲁索・圣・约翰建筑事务所（Caruso St. John Architects）

由卡鲁索·圣·约翰建筑事务所设计的诺丁汉当代艺术馆，采用了绿色颜料混凝土——主要为白色水泥基拌合料，加入Criggion粗细骨料和绿色氧化物颜料，由W. Hawley & Sons公司生产。如图4.63所示，光滑的黑色预制基础，是在黑色石英的基础上混合了白色水泥和黑色氧化物颜料。这一外墙面层最引人注目的地方在于它呈现出诺丁汉蕾丝（Nottingham lace）的肌理，在弗莱彻门（Fletcher Gate）的建筑主立面和顶部单元中也采用了此类效果。当代艺术馆位于诺丁汉蕾丝市场旁边。德比大学织物研究主任约翰·安格斯用诺丁汉蕾丝的样品进行三维扫描，由此制作出硅胶衬里，然后由Trent混凝土公司在墙板浇筑前衬于模具中。绿色的混凝土板之间的交接缝处，嵌入了金色的阳极氧化铝条。受到路易斯·沙利文有机而又“高技”的立面，以及蕾丝市场19世纪建筑的启发，亚当·卡鲁索认识到“当代预制产品可以成为非常迷人而且非常精致的材料，通过立面的建造，我们明确地建立起它与19世纪的联系。”[12]

混凝土涂料选择指导 表4.2

涂料类型	应用范围	外观	表面处理
环氧树脂	可抵御轻微腐蚀，作为装饰性防水涂层，可用于墙面、地面和储水池等。能够同时保持透气性，并防止渗漏。可用作底漆	有颜色或无色，光滑、坚硬的仿瓷涂层，厚度为2～4 mm，易于清洁	极易附着于湿混凝土上 表面必须清洁并使用喷砂处理或机械打磨去除杂质
水基环氧树脂涂料	抵御盐和金属侵蚀，用于水下环境、化学和工业厂房，发电站、食品加工领域、混凝土防波墙、桥墩和混凝土地面	通常标准色为白色、米色、灰色 光滑、坚硬的仿瓷饰面	极易附着于湿混凝土上 表面必须清洁并使用喷砂处理或机械打磨去除杂质
煤焦油环氧树脂	用于腐蚀性环境，如种植、研磨，或视觉不可见的建筑部分，如地基墙体和坡面（slump）	养护后形成坚固而光滑的黑色表面	在涂刷前进行轻微喷砂处理
可溶涂料	用于需要高度附着力和持久性的场合，防化学、防腐蚀，快速硬化，易于清洁 可被用作防腐蚀底漆或需要快速硬化的场合，可被用作多孔表面，如毛巾混凝土（towelled concrete）、多孔混凝土或预制混凝土的密封层	形成仿瓷效果的涂层	表面必须清洁并使用喷砂处理、机械打磨或酸蚀去除杂质
聚氨酯	通常为兼具保护性和装饰性的地面涂层，可用于室内外，特别是需要承受步行交通的环境。适用于仓库、储藏设施、飞机库、动物居舍和车辆保养设施等场所的混凝土地面和墙面	可加入添加剂和颜料，实现各种色彩，同时表面具有防水性能。饰面有光泽	在进行涂层前，需进行酸蚀或喷砂处理。表面必须干燥且无杂质 需要在涂料中加入细骨料，防止表面滑动（用于地面时）
硅酸盐涂料	用于需要保持透气性，让水蒸气渗透的混凝土构件保护性及装饰性饰面，应对恶劣天气，主要用于外表面防腐蚀，通常适用于保护项目	浸润表面，因此形成自然、无光泽的饰面 通常为耐晒陶土色和矿物色，无有毒重金属颜料 色彩多样，装饰效果丰富	可用于湿（清洁）混凝土表面

脱模剂

对于所有的混凝土来说，只需要敲击混凝土就能很容易地把模板拆掉或是将预制混凝土从模具中取出，是非常重要的事情。拆模主要与两方面因素相关：模板的设计和脱模剂的使用。脱模剂是涂抹或预覆于模板内表面的蜡、矿物油或某些专利配方产品。使用脱模剂也会对最终的色彩产生影响。需要注意，蜡质脱模剂比其他脱模剂更容易产生气孔。

涂料

在设计无饰面[清水（fair-faced）]混凝土时，必须考虑到表面的硬度和持久性。如果在建造中对拌合料、浇筑和养护都进行了细致的控制，就能充分避免混凝土表面的损耗，不一定需要涂料，甚至也不一定需要添加工艺去修补缺陷。然而，如何避免经常暴露于各种气候条件下的混凝土表面产生风化和污渍，却是一大难题。选择合适的涂料，可以实现特定的微妙效果，也可以获得所需的颜色。从饰面需求出发，涂料还可用于：

- 增加耐久性，减少恶劣天气条件造成的腐蚀；
- 防止雨水、天气和污水等原因造成污渍和损坏；
- 防止风化；
- 防止表面因磨损造成损坏；
- 减少混凝土不规则处堆积污垢和尘土。

砂浆

砂浆是加入添加剂和尺寸控制在一定程度的骨料的水泥基抹灰。通常用于替代环氧树脂或聚合物等类型涂料，其面层具有弹性、耐久性、难燃、持续防水等特性。从这一角度看，由于砂浆只需简单地在混凝土表面增加一层改良性的面层，而无需增加新材料和构造措施，相比薄膜或防水板等措施明显具有优势。砂浆一般可用作墙面、混凝土砌块、预制面板、水箱和游泳池等部分的外涂层。尽管砂浆能够保护其下方的混凝土表面免受气候和污染侵害，但其自身也可能会以同样的方式危害混凝土表面。砂浆涂层应保证混凝土的呼吸，也就是说，不会成为墙体的隔气层。涂层可以多于一层，但作为饰面的最外侧涂层必须采用不同配比。

砂浆的浓稠度与油漆相近，可根据饰面效果需要，采用喷射或涂刷、滚筒、泥刀等方式涂抹。其常见色彩为标准的灰色、白色或其他彩色水泥的颜色。通过调整拌合料配比或加入新材料改变灰浆特性，如塑形改性砂浆，其防水和防腐蚀性能都有所提高。

图4.63　诺丁汉当代艺术馆地下室采用黑色预制混凝土，
将反向蕾丝“柱”置于其上

图5.1　One Centaur Street
建筑设计：dRMM建筑事务所

第5章 基础

“混凝土是房屋结构的完美媒介——它有性格，能自我支撑，还能自带装饰，完成一整个过程。”

——dRMM建筑师事务所亚历克斯·德·里克（Alex De Rijke）在形容伦敦One Centaur Stree时所说的话。[1]

结构是限定空间的基本前提条件。所有的建筑都需要结构来抵御地心引力的作用并承受荷载。[2]工地建造普遍从基础的建设开始。在设计一座新建筑或设施的基础时，需要考虑施加于基础之上的静态荷载和动态荷载，同时还必须确定土壤的性质和条件。这些都属于结构工程师的工作范畴，但如果建筑师对此有所忽视，就会对建筑造成非常严重的影响。正如本书第4章所说，drdh建筑事务所康宅项目的设计出发点，就是为现有住宅建造新的基础，并由这一线索发展出整个项目的空间布局。

活荷载根据设计规范确定，静荷载则是结构的总重。基础还需要抵御上层结构所承受的风荷载。工程师的首要任务是对地基的土壤条件进行资料研究，通常需要对调研基地，了解其特性。研究需要了解全部地质条件和可能会遇到的地下管网。在城市区域内了解基地的建造历史也很有必要，因为土壤可能经过填埋，或者基地中有其他材料可能对土壤造成污染。同时，了解地下水位以及地下水是否含有硫酸盐也非常重要。对于大多数项目来说，在信息不足时，土壤调研也是必需的。

基础必须将结构的荷载传递到土壤中，并尽量减少不均匀沉降。基础的范围和类型首先由荷载和土壤条件决定。基础主要分为两大类：

- 浅基础；
- 深基础。

浅基础的主要类型分为：

- 独立基础；
- 条形基础；
- 阀板基础。

深基础的主要类型分为：

- 桩基础（pile）；
- 地下连续墙（contiguous piled wall）；
- 截水墙（diaphragm wall）；
- 沉箱（caisson）。

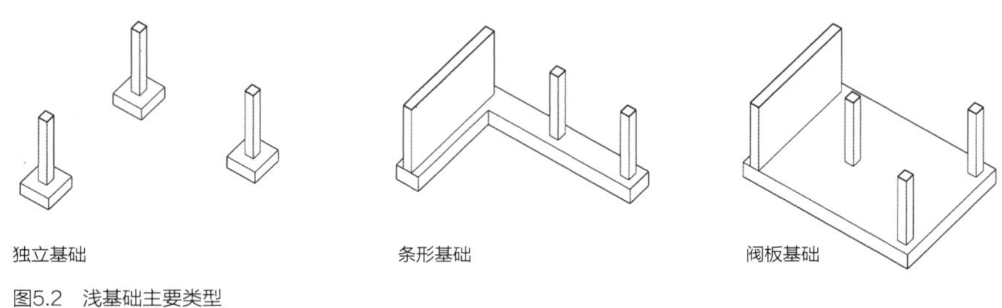

图5.2　浅基础主要类型

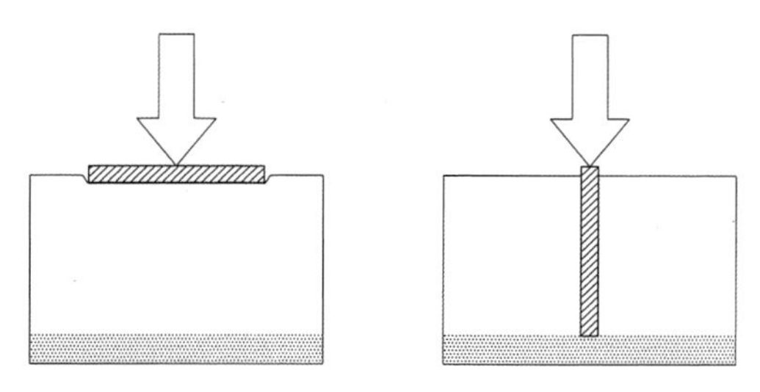

图5.3　阀板基础和桩基的图解比较：阀板基础通过分散荷载来承载，如同人在泥地里伸展四肢躺着；桩基则通过将荷载传递到岩层，或是通过桩基与底层土壤的摩擦来承载。

挡土墙的选择[3]　　表5.1

理想场地条件	理想土壤类型		
	干燥砂砾	饱和砂砾	黏土和淤泥
有作业空间，在墙体建造中能够回填土壤	重力挡土墙或悬臂挡土墙 预制混凝土框架挡土墙	在重力挡土墙或悬臂挡土墙建设过程中进行排水处理	重力挡土墙或悬臂挡土墙
作业空间有限	以立柱挡土墙（king post wall）作为临时支撑 地下连续墙 截水墙	钻孔咬合桩基墙（Secant bored pile wall） 截水墙	以立柱挡土墙作为临时支撑 地下连续墙 截水墙
作业空间有限，且须对土壤移位进行专门控制	地下连续墙 截水墙	钻孔咬合桩基墙 截水墙	地下连续墙 截水墙

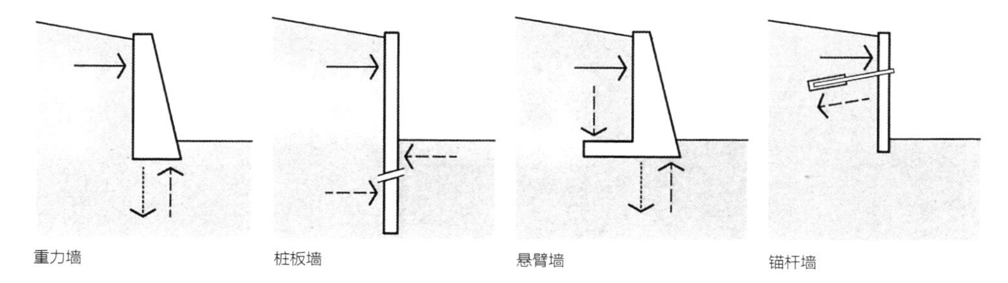

图5.4　一般挡土墙剖面

挡土墙主要分为四类：

- 重力墙；
- 桩板墙；
- 悬臂墙；
- 锚杆墙。

图5.4列出了各种挡土墙类型，挡土墙能够抵御土压，并通过这一传力路径将其分解。另一个关键问题是考虑如何处理地下水，要清楚地表示出如何引水，或挡土墙是否要设置储水槽或在建造中设置空隙来防止进水。

浅基础可用于地表土能够充分承受结构荷载的情况。尚未开发过的基地，其地表土可能因风化及含有植物成分而需要去除。地表土通常厚150 mm ~ 250 mm，而且很有价值，需要加以储存以备再利用或填埋到适宜的场合。在可以满足需求的前提下，浅地基的深度由土壤类型和潜在的收缩风险来决定。根据英国建筑研究院（Building Research Establishment）的建议，在所有黏土类型上的最小深度为900 mm。

图5.5　伦敦英迪森特宫（Indescon Court）E14工地中的阀形基础钢筋笼（注意已有的桩基）

非黏土情况下，浅地基的最小深度由冰冻导致的沉降决定。是否靠近树木也是需要考虑的因素。浅地基可以通过增加底板的厚度来实现，石砌墙体即为一例。基础的下部必须低于冰冻线，防止基础因冰冻而被抬起。条形基础支撑的是线性荷载，如墙体或接近直线排列的柱子。如果条形基础的尺寸足够，就无须设置钢筋。填沟式基础（trench fill foundation）是条形基础的一个变种，首先挖出沟槽，然后注入无钢筋混凝土——如果土地条件允许，

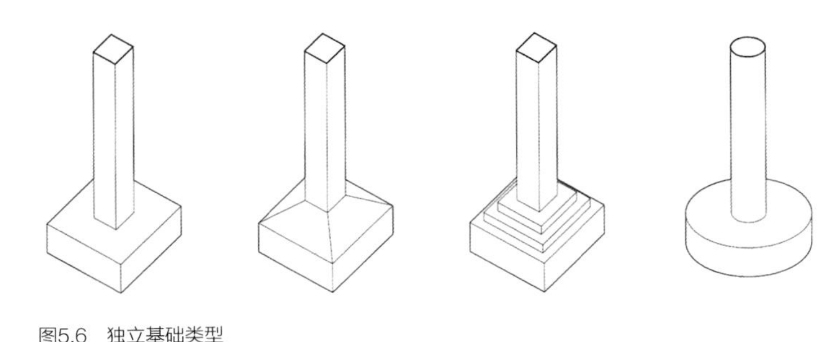

图5.6 独立基础类型

这是一种比较经济的基础形式。

独立基础用于支撑柱子之类的点荷载，可以是圆形、方形或长方形（圆形独立基础所需钢筋量可减少50%）。独立基础可以宽度相同，也可以做成阶梯状或逐渐缩小的形式，用来传递更多的荷载。阀板基础能够通过连续的底板，将荷载分散到更大的范围。如果荷载非常密集，会使得独立基础相互影响，就适宜使用阀板基础。在墙体和柱子下方的板厚可适当增加，来增强其刚度。连续的阀板基础也可用于减少不均匀沉降，适用于土质较松的情况。

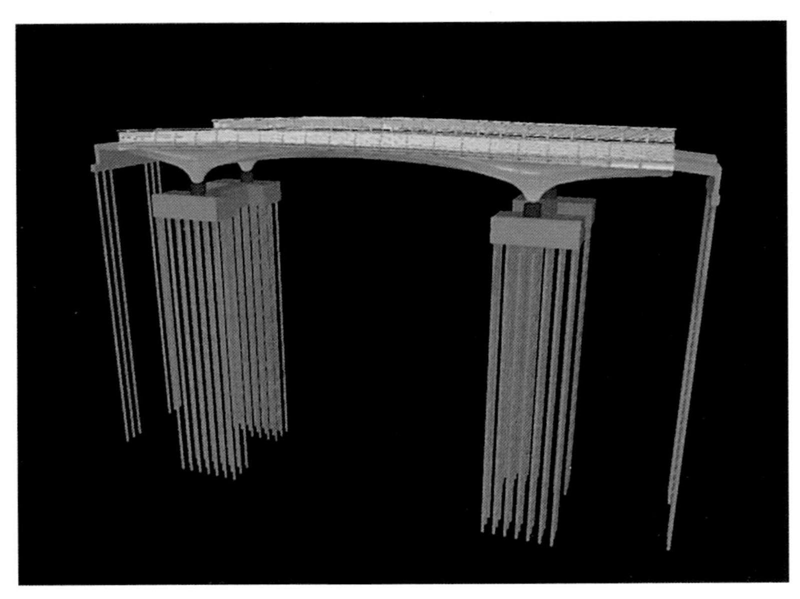

图5.7 巴灵顿桥计算机模型，显示了桩和桩帽
建筑设计：迈克尔·斯泰西建筑师事务所
工程设计：奥雅纳工程顾问公司设计

图5.8　螺钻打桩机（flight auger piling rig）

当地表土不适合承受荷载时，须采用深基础将荷载传递至岩层。桩基可以通过尽端受力和摩擦两种形式传递荷载。端承桩（End–bearing pile）的端部应设于不可压缩的地层，如岩石或密实的碎石上。摩擦桩（friction pile）可用于不能达到不可压缩地层的场合；因此，荷载可以通过尽端受力和摩擦两种方式传递。（预制）送入桩可以采用打入、螺旋、振动或喷水等多种方式打入地下。预制桩可在现场浇筑，也可预制，如同圆形的柱子，可以通过水平旋转避免缺陷。（现浇）螺旋桩（bored pile）可在螺旋钻井中浇筑，首先挖掉地基上的土，放入钢筋网，随后将混凝土泵送到钢筋网周边和内部。奥雅纳在对巴灵顿桥的地质测量中发现，需要将螺旋桩打入22 m深的地下，才能获得足够的摩擦力来承受桥体结构的静荷载和英国高速公路局确定的拖车活荷载。此外，由于在场地内通过考古发掘找到三座原有桥梁，只能选择小型螺旋打桩机才能穿过现有考古遗址。

图5.9　冲击打桩机（percussion drive piling rig）正在将预制混凝土桩打入地下

图5.10　预制基础——由Roger Bullivant有限公司制造

基础选择指导 表5.2

土壤条件	适合的基础	注意事项
深度很大的石头、坚硬白垩岩（hard sound chalk）、砂砾	浅基础：条形基础、独立基础、阀板基础	注意不要让基础底部低于地下水位 基础底部与冻涨线之间的最小距离：450 mm 如果为隆起土壤，应使用深基础
深度大、强度一致的坚硬黏土，附近没有太多的树木	浅基础：条形基础、独立基础、阀板基础	基础底部与冻涨线之间的最小距离：900 mm 填沟式基础较为经济
深度大、强度一致的坚硬黏土，会受到植物影响导致黏土收缩或膨胀	可选 1. 桩基 2. 填沟式基础（条形基础） 3. 阀板基础 4. 柱墩	根据表5.4，条形基础深度与树木接近 使用空心悬浮楼板（suspended floor）
深度较浅的坚实黏土，深处为软黏土	对于轻型结构，条形基础、独立基础或阀板基础都可适用 对于重型结构，需要采用深基础	对于浅地基，需要使荷载分布于足够大的面积，确保软黏土能够承载
深度较大的疏松砂土	可选： 1. 阀板基础 2. 地基加固后采用浅基础 3. 独立基础	震动和地下水位的变化都会在建成后导致沉降 打桩可以增加砂土的密度
软黏土	可选 1. 桩基 2. 宽条形基础 3. 阀板基础 4. 地基加固后采用浅基础	条形基础需加钢筋 进入建筑的设备管线应具有弹性 阀板基础不适用于高度收缩的土壤
泥炭	可选： 1. 阀板基础 2. 地基加固	适于现浇螺旋桩（加套管）、现浇打入桩、预制打入桩 可因泥炭凝结抽出桩基 土壤可为酸性

续表

土壤条件	适合的基础	注意事项
填埋土	可选 1. 桩基 2. 宽条形基础 3. 阀板基础 4. 地基加固后采用浅基础 5. 独立基础	经过专门选择，并得到充分夯实的填土有较大的承载力 进入建筑的设备管线应具有弹性 需要考虑到填土污染物的影响
黏土，强度随深度逐渐增强（即从软到硬的黏土）	推荐使用柱墩，但地下室可使用阀板基础	桩基设计由沉降决定
软黏土，深处为岩石	使用深基础	表面负摩擦力会增加桩基的荷载
密实砂土或坚硬黏土，下为软黏土层，深处为坚硬黏土	除轻质结构外，通常需要深基础 采用浅基础需进行地基加固	
采矿或沉降地区	滑移面（slip-plane）阀板基础	不适合桩基
坡地	基础由土壤条件决定，但需要考虑到坡地对其影响	既要考虑总稳定性，也要考虑局部的稳定性 地下水会增加场地的不稳定性
基地地下水位高	所有基础类型均适用 需采用排水措施，但要考虑到对周边结构的影响	对于砂土或砾石土壤，需要让基础位于地下水位之上 需要考虑开挖时的稳定性 螺旋桩基需要加套管或保护液（support fluid） 可使用连续旋翼式螺旋桩 土壤可具有侵蚀性

图5.11 艺术住宅（The Art House），伦敦切尔西——将聚丙烯地板采暖管道铺设于挤塑聚苯乙烯保温层上，浇筑于混凝土地板中
建筑设计：布鲁克斯·斯泰西·兰德尔建筑事务所

桩基类型比较[5]

表5.3

桩基类型	优点	缺点
打入式预制混凝土桩	• 可以在打入地下之前检测桩基质量 • 建造不会对地下水造成影响 • 打入深度较大 • 适用于大多数松软无障碍土壤 • 不需要挖出土壤另行处理	• 在打入过程中容易损坏 • 如果打入遇到障碍，就需要更换桩基 • 桩基的实际长度只有到现场才能得到确证 • 需要的设备相对较大 • 有噪声和震动，当然打桩机一直在改良中 • 需要根据打桩的动力确定桩基的特性 • 如果更换土壤会对周围的结构造成破坏
打入式现浇桩（管子被打入地下，然后灌满现浇混凝土）	• 可以便捷地改变长度以适应现场遇到的土壤条件 • 可打入深度较大 • 打入的一端为封闭端，因此不会因为打洞而引入地下水	• 在打入过程中容易损坏 • 需要的设备相对较大 • 有噪声和震动，当然打桩机一直在改良中 • 需要根据打桩的动力确定桩基的特性 • 如果更换土壤会对周围的结构造成破坏 • 不能在混凝土浇筑完成后进行检测 • 桩的直径不能太大
螺旋桩	• 能够打入的深度大 • 可以检测挖掉的土壤 • 能够安装直径较大的桩 • 端头增大处（end enlargement）可位于黏土中 • 可使用小型设备 • 相对安静 • 低振动	• 在“挤压”土壤条件下有端部变细（necking）的风险 • 混凝土不是在理想条件下浇筑的，同时不能检测 • 在土壤条件不适合时须使用套管（casing） • 需要处理挖掉的土壤 • 需要浇筑水下混凝土 • 可以是大型打桩机
灌注桩（augured）[连续旋翼式螺旋钻（CFA，continuous flight auger）]	• 可以检测挖掉的土壤 • 地基始终由螺旋钻支撑 • 相对安静 • 低振动 • 适用于大多数土壤类型（除卵石外） • 能够在净空较小的条件下安装 • 连续螺旋移动技术（CHD，continuous helical displacement technique）减少了挖出土壤量，增加了桩体周边的土壤强度	• 桩的最大直径为1200 mm • 不能在混凝土浇筑完成后进行检测 • 桩的最大长度约为30 m • 钢筋网的长度有限制 • 需要处理挖掉的土壤 • 效率由混凝土功能决定 • 螺旋钻会被相对较硬的土壤所阻挡

对于收缩土壤，根据与相邻树木距离确定基础深度的指导[6] 表5.4

树种	最大成熟高度（m）	禁区1（m）	禁区2（m）
需水量大的树种			
榆树、柳树	24	24.0	30.0
桉树	18	18.0	22.5
山楂树	10	10.0	12.5
橡树、柏树	20	20.0	25.0
白杨	28	28.0	35.0
需水量中等的树种			
刺槐、桤木、智利南美杉、云杉	18	9.0	13.5
苹果树、月桂树、李树	10	5.0	7.5
白蜡树	23	11.5	17.3
山毛榉、雪松、红杉、落叶松、松树	20	10.0	15.0
黑刺李树	8	4.0	6.0
樱桃树、梨树、紫杉	12	6.0	9.0
栗树	24	12.0	18.0
酸橙树、美国梧桐	22	11.0	16.5
花楸	11	5.5	8.3
悬铃木	26	13.0	19.5
巨杉	30	15.0	22.5
需水量小的树种			
桦树	14	2.8	7.0
接骨木	10	2.0	5.0
无花果树、榛树	8	1.6	4.0
冬青树、金链树	12	2.4	6.0
角树	17	3.4	8.5
木兰、桑树	9	1.8	4.5
基础深度			
塑性指标	体积变化可能性	外围禁区1	外围禁区2
≥40%	高	1.50	1.00
20%～40%	中	1.25	0.90
10%～20%	低	1.00	0.75

注：

1. 判断某树种是否位于禁区1或禁区2之外。
2. 判断基础深度与某特定土壤层和相应禁区的距离。
3. 根据NHBC指导意见（本表制定依据）判断树木位于禁区1内的位置。

结合设备管线

混凝土的可成型性（formability）使其易于结合各种设备管线建造。在前面几章内已对此有过介绍，如图3.20的丰田总部预制混凝土构件，这种方法也可以应用于基础的混凝土施工。如果项目采用桩基，可以在混凝土浇筑之前，将连续的聚丙烯管道设于桩基中，作为地源换热系统（ground source heat exchange system）的基本组成部分，能大幅降低成本，节能成效也非常显著。

北爱尔兰兰德尔斯镇的琼斯住宅（见图4.44～4.47），由于不需要桩基，就在后院设置了水平环状管线。通过使用热泵并结合良好的保温措施，形成封闭的结构，混凝土只向室内裸露，以提高热质量，使得建筑的能源需求相当低。[7] 如果不以地源热泵作为可再生能源，英国制定的新住宅在2016年前，新的非住宅项目在2019年前达到零碳排放的目标就不可能实现。托尼·布彻（Tony Butcher）在《地源热泵》（*Ground Source Heat Pumps*）[8]一书中指出，设计得当的以热泵驱动的住宅供暖系统，只需要传统水暖系统能源消耗的20%~30%即可满足需求。比尔·邓斯特及其同事在《建筑零能耗技术》(*The ZEDbook*)[9]一书中反对使用热泵。另一种方法是采用清水混凝土的折面（labyrinth），来对空气进行预热或预冷。威尔金森·艾尔（Wilkinson Eyre）在伦敦皇家植物园的阿尔卑斯温室（Alpine House）中采用了这一策略，而负责墨尔本联邦广场项目的建筑师团队——Lab Architecture Studio和贝茨·斯马特（Bates Smart）则对此进行了更大规模的尝试。折面设计的原则是获得更大的表面积，以增加热质量，因而作为被动的热交换器，来加热或冷却进入建筑的空气。在联邦广场中，使用了1.2 km连续的混凝土墙，使得建筑的中庭温度比周边温度低12℃，相对于使用传统空调系统，减少了90%的CO_2排放。另一种折面混凝土或者说预热系统的建造方式是在地下埋设直径很大的混凝土管道，让空气从中流过。由汉密尔顿联合公司（Hamilton Associates）和Price & Myers事务所的工程师合作设计的巴特菲尔德公园（Butterfield Park），就采用了这一技术。

图5.12　联邦广场（Federation Square）中折面混凝土墙的截面

重复利用现有基础

一些欧洲城市中心区已经建有密集的建筑基础，与其耗费巨资将原有基础挖出来，不如对这些基础进行重复利用，以减少投资和碳排放。一本以整个欧洲为背景的非常实用的手册《城市工地基础再利用》（*Reuse of Foundations in Urban Sites*）[10] 现已出版，这也是欧盟出资的研究项目RuFUS的主要成果。该书既是权威的技术指南，也对如何避免风险，对现有基础进行判断提供了有效建议。书中提到的一个

1. 最小150 mm充分夯实类型1基层（sub-base）
2. 20 mm砂浆垫层
3. 225 mm混凝土阀板（RC30，混50%高炉矿渣）
4. 在所有承重墙下部，除网片外，于板上部和下部加设5根T12钢筋条带，最小范围400 mm～600 mm
5. 顶部、底部设A393网片
6. 900 mm×900 mm T12预留钢筋@200中对中间距，与墙和板内网片相连
7. 215 mm×215 mm×400 mm混凝土空心砌块
8. 混凝土注入混凝土空心砌块（RC30，混50%高炉矿渣）
9. 膨润土（bentonite-based）防水薄膜
10. 双层聚氨酯涂层与水性（liquid applied）防水涂层充分结合
11. 300 mm宽沥青涂层聚乙烯带——连续防水（waterproof continuity）
12. 密封胶
13. 150 mm露明碎石排水沟
14. 200 mm挤塑聚苯乙烯保温层
15. 75 mm钢筋砂浆层
16. 混凝土垫块
17. 50 mm底衬金属箔挤塑聚苯乙烯保温层结合石膏板
18. 椰壳棕垫

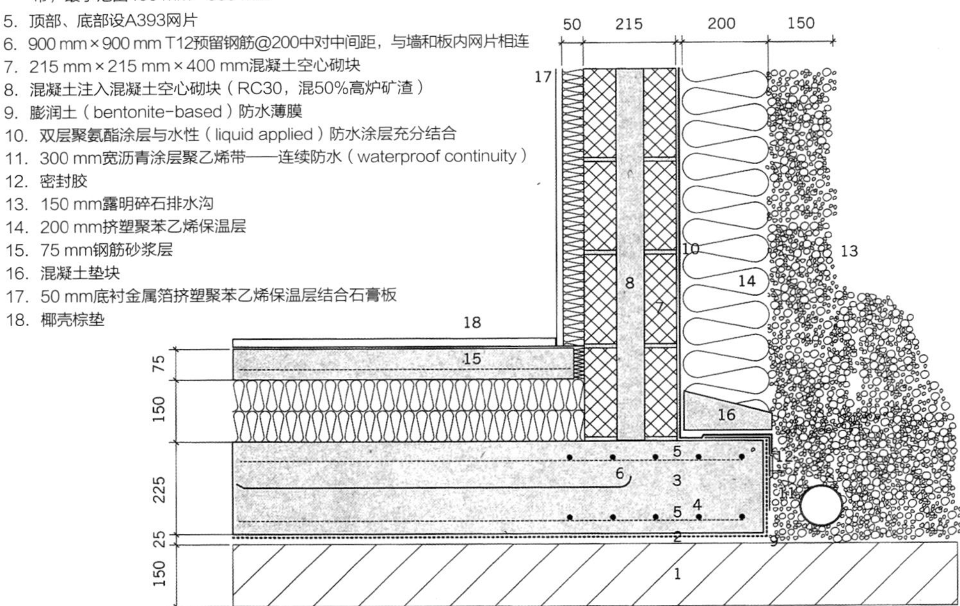

图5.13 设有外储水装置的挡土墙节点构造，英国湖区某住宅储物间
建筑设计：迈克尔·斯泰西建筑事务所

例子，是位于德国威斯巴登的黑森议会大厦（Hessian Parliament building），其新建筑有着独特的形态，而在基础的建造中，利用了原有81根桩基中的17根，并新建73根，使得所需桩基总数减少了20%。

建造干燥的地下室

是否建造干燥的地下室，是基础和底部结构的设计中一项关键性决策。这取决于地下室的使用功能，即是否需要保持完全干燥（如图书馆和档案馆的地下室），或仅需要保持充分通风用于储藏（如传

图5.14 伦敦眼（The London Eye）
建筑设计：大卫·巴菲尔德事务所（Marks Barfield）的大卫·马克斯（David Marks）和朱莉亚·巴菲尔德（Julia Barfield）设计
初期工程设计：简·韦尼克（Jane Wernick）

统意大利城堡式住宅的底层酒吧)?另一个关键点是地下水位，这会随着天气和季节而有所变化。为保护混凝土结构，有专门在其外侧和内侧储水的系统。《BS 8007：1987：混凝土结构设计防水措施使用规范》(BS 8007：1987：*The Code of Practice for the Design of Concrete Structures Retaining Aqueous Liquids*）对这方面进行了指导。如果需要建造完全干燥的地下室，如图书馆的地下室，唯一可靠的方法是建造双层结构，并加设机械泵井。

图5.15　伦敦眼基础中的内部钢筋笼

洪水风险

气候变化目前已经对人类的平静生活形成显著威胁。在确定地下室和首层地面的性能时必须考虑到洪水的影响，设置洪水风险区是一种主动的设计准则。荷兰对于发生洪水的风险相当重视。以下三条原则可以有效对应此类风险：

• 以基础设施为主进行防洪——如于1983年投入防洪用途的伦敦泰晤士河水闸；

• 通过建筑措施防洪，如将首层地面抬高至防洪规划（flood plan）位置之上——例如霍普金斯建筑事务所（Hopkins Architect）于1980年设计的萨福克Green King生啤酒窖，使用混凝土短柱将首层楼板抬高，便于装啤酒的卡车卸货，同时也能够防御林内特河（River Linnet）的洪水[11]；

• 将首层楼板设计得能在洪水后复原。

在上述这些情况下，混凝土都扮演着重要的角色。对于最后一种措施，可以通过对首层楼板的细部设计，采用一系列不会被洪水破坏，并能在洪水退去后容易清理干净的材料来实现。洪水会对砖墙和抹灰墙造成很大影响，需要将原有抹灰清除，等待墙体干燥，再重新进行抹灰——这一过程需要花费数周甚至数月才能完成。相对而言，更为理想的是经过精心设计的钢筋混凝土墙体，并进行瓷砖贴面，就只需要进行冲洗即可。

需要注意的是，建筑上部结构的设计会对基础的设计产生非常重大的影响。在这方面，伦敦眼（由大卫·马克斯和朱莉亚·巴菲尔德设计）是一个生动的实例。伦敦眼旋转的轮子是悬挑于泰晤士河之上的。轮子倾覆（有倾覆力矩）的趋势通过两根倾斜的钢柱和钢拉索抵消，拉索锚固于地面上，其下实际为现浇钢筋混凝土基础，由两个相连的桩帽和桩基组成。轮盘的重量超过1800吨，柱子下面的基础需要承受其压力和其他拉力。通常对于建筑和基础设施而言，混凝土都扮演着至关重要但并不显眼的角色。支撑伦敦眼的基础为了承受足够的压力，仅在现浇混凝土内设置的高强度钢筋就达到了180吨。

图6.1　将条形石材表面预制面板固定于现浇混凝土框架的无梁方柱（flat slab square column）上，包特罗学院（Potterrow Development），爱丁堡
建筑设计：贝内茨建筑师及合伙人事务所

第6章 框架

“自由的平面设计。底层架空柱（pilotis）承托起楼板和屋顶。室内只在需要的地方设置墙体，每层楼板都与其他的完全独立。不再需要任何承重墙，隔墙可以按照任何可需尺寸建造。其结果是完全自由的平面设计；也就是说，自由地使用任何可能手段。”

勒·柯布西耶[1]

勒·柯布西耶的《现代建筑五点》（Five Points of Modern Architecture），将混凝土框架结构的出现和现代主义的发展不可避免地联系到一起。他将结构的自由表达和组织作为工业对新建筑的首要启发。通过将功能区分为结构、空间划分和围护等不同方面，曾经被厚重的石材围护结构限定的平面和立面所束缚的古典传统，因为框架结构的出现而终止。将墙体替换为柱子，瞬间释放出平面中的大空间，并减少了支撑建筑所需的材料总量。今天，混凝土框架已经得到了广泛的应用，实现了建筑的多样性表达。本章将主要介绍混凝土框架的各种优点，介绍其结构应用方式，框架的设计如何在建筑物的整个生命周期中影响设计的各个方面，如美学表达、环境策略、建造和适应性。同时还将详解如何确定结构构件大小，便于读者在自己的设计中可靠地预估结构尺寸，并将介绍结构楼板和梁的主要形式。

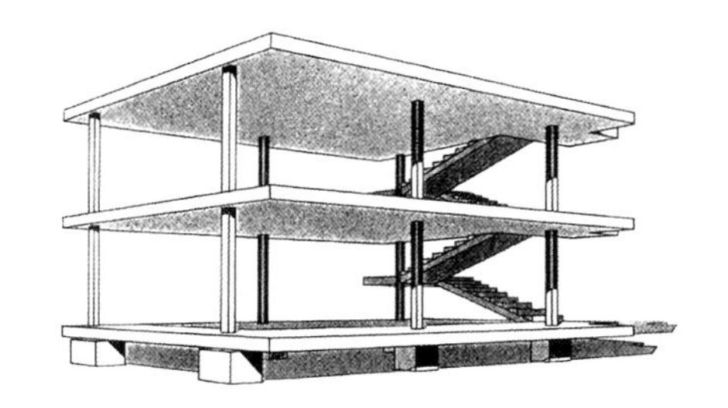

图6.2　勒·柯布西耶的多米诺住宅（Domino House）——显示了建筑通过混凝土框架获得的自由

如果你根据框架结构的可适应性、自由表达和使用材料最少等特性而决定采用它，那么下一个问题就是：“为什么要用混凝土?”能够在室内或室外露出材料本身，是混凝土的一大优势。长期以来，建筑师都被“使用一种可见的材料作为建筑的结构”这样的想法所吸引，因为能够做到“诚实地”建造。同时，只采用像混凝土这样的一种材料也被证明是相对比较经济的，因为无须添加装饰，还能呈现出建筑的建造方式。

本书第10章将继续对热质量和建筑物能量储存（Fabric Energy Storage，FES）的原理进行详细阐述。混凝土自身的热质量对于室内空间很有价值，随着人们对建筑物能耗的逐渐重视，将变得越来越重要。槽型板和双向肋板等能够增加顶板表面积，以提高FES的楼板类型，将随后于本章内进行介绍。

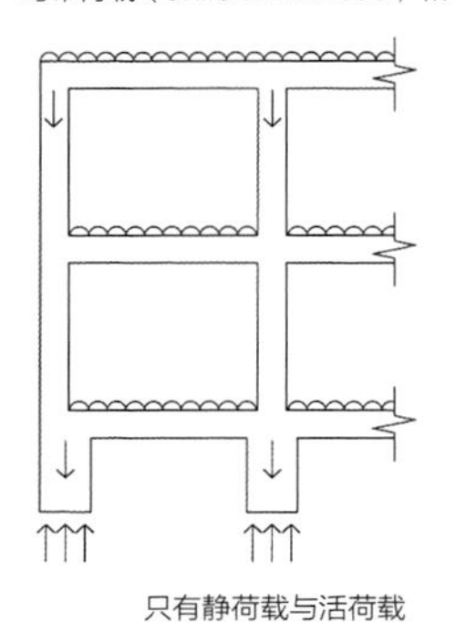

图6.3 简单结构的受力途径（load path）

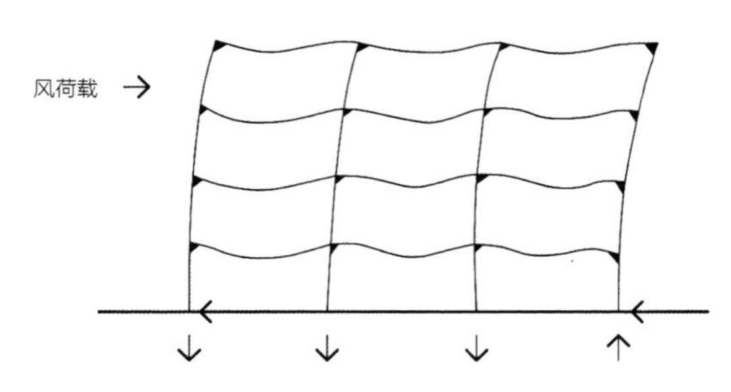

图6.4 结构在风荷载作用下产生的挠度变形，与其刚性角和构件的相对刚度有关

混凝土自身的厚重可以确保空间之间的隔声效果，材料坚硬的表面则可以反射声音。这一特性可以应用在观众厅的设计，但也会在楼梯等空间的设计中产生问题。光滑的浅色表面可以提高建筑物阻挡阳光的能力，而顶板的轮廓和肋形梁则会投下形式各异的影子。混凝土还具有耐火性，钢结构构件外侧经常包裹混凝土以达到防火的目的。最后，混凝土还非常适于悬挑，可以通过平衡柱子的弯矩增加结构的效能。

图6.3展示了一个简单结构的受力途径。为了确定结构构件的尺寸，需要计算每个构件承受的荷载。需要考虑的荷载可以被分为两种：活荷载或称附加荷载（imposed load），如人、家具或机器的重量；还有静荷载，也就是结构自身重量。计算活荷载假设其在楼板上是均匀分布的。荷载取决于建筑的使用功能，根据《欧洲规范1》（Eurocode 1, 2005）1-1部分所附的英国国家标准（UK National Annex）：

- 普通办公室和停车场荷载为2.5 kN/m^2；
- 高特殊性功能办公室、档案室和集会空间为5 kN/m^2；
- 机房和储藏空间为7.5 kN/m^2；
- 有更高特殊性储物要求的空间为10 kN/m^2。

框架由水平构件（如梁、板等）、垂直构件（如柱）和其他抵御风荷载的措施（如交叉支撑或剪力墙）构成。本章第122～153页提供的图表有助于读者粗略估算普通楼板的厚度。一旦确定了楼板厚度，就能计算其施加在净荷载梁和柱上的静荷载。这意味着，尽管最先需要确定的是柱子的位置，柱子的大小则放在后面进行精确的计算。

柱

从结构上讲，柱子需要抵御其所支撑的板和梁向下的力，以及这些构件和风荷载产生的弯矩。这些力因在框架中的不同位置而对柱构造成不同的影响。一根内部的柱子需要承受来自360° 方向的荷载，因而需要使其弯矩大致平衡，其设计由抗压强度决定。边柱和角柱支撑的楼板区域则相对较小，承受偏心荷载。在大于5层的结构中，其设计通常由抗弯强度决定；在大于7层的结构中，周边的柱子和内部的柱子在使用中会有显著差异，因而柱子的截面设计需要分为两种不同形式。柱子破坏的原因是失稳（buckling）或开裂（crushing），具体由其高细比决定。高而细的柱子通常更容易失稳，而较短的柱子开裂的主要原因是承受了超过极限的荷载。抗压强度高的混凝土不太容易因开裂而失效。

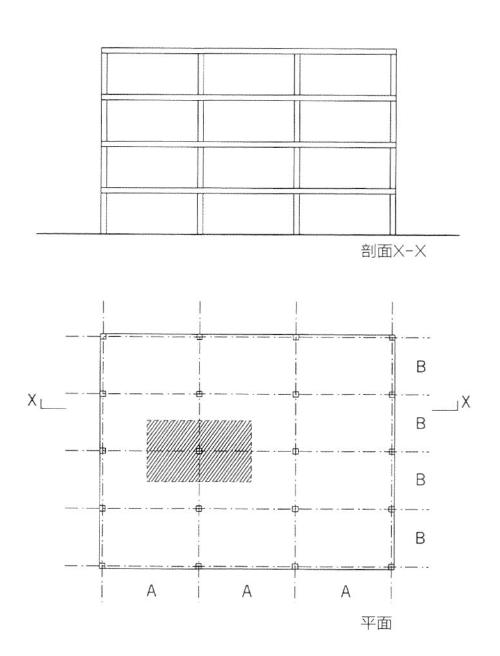

图6.5 确定柱子尺寸时需要考虑的区域

柱子在框架内的排列会影响所围合空间的布局，以及所有其他结构构件的尺寸。柱子是框架中最容易看到，但也可能是最碍事的部分，通常按照网格排列，清楚地标识出它们的位置。柱网一般为600 mm方形的倍数。如果采用长方形网格，常见比例为1：1，1：1.25和1：1.5；当然，也可以采用花格网（译者注：正交但是柱网宽度各异，类似苏格兰格呢）或非正交的排列，例如放射状，三角形或六边形网格。柱子的排列确定了水平结构构件的跨度，因而对其建造产生影响。如果不把柱子设在建筑的边缘，而向内移造成悬挑，就需要使用现浇施工方式了——这样在出挑的长度小于跨度的1/3的情况下，可以利用现浇混凝土施工的连续性，形成负弯矩以减小楼板的厚度。

柱可以浇筑为方形、圆形、矩形、多边形或椭圆形等截面形式。以结构的观点看，圆形柱是效率最高的，但方形和矩形柱更为常见，因为它们能简化模板工程并使其宽度与梁统一。现浇柱通常一次浇筑1层，而预制柱常常有3～4层高。钢筋用量用百分比标识，通常为1%～4%。增加钢筋用量可以增加柱的强度，但是会使成本上升。

全部由混凝土浇筑而成的柱子，其外表面主要由模板决定。当然，预制柱子的表面由于经过旋压（spinning）处理，会相对比较光滑。在浇筑时水平放置柱子，随后缓慢转为垂直，可以防止气泡出现。

图6.6 2007年建成的科隆柯伦巴艺术博物馆（Kolumba Art Museum）中，纤细混凝土圆柱不规则地分布于考古发掘空间中，以避让柯伦巴教堂的哥特遗迹
建筑设计：彼得·卒姆托

阿克塞尔·舒尔特斯（Axel Schultes）在其波恩艺术博物馆的设计中采用了这种技术。由威尔·奥尔索普（Will Alsop）与亚当斯·卡拉·泰勒工程公司合作设计的佩卡姆图书馆（Peckham Library），将混凝土浇筑于直径为323 mm的圆形中空截面钢管中，成为涂漆钢表面的混凝土柱。把钢柱包在混凝土里也是一种常用的混合结构方式，模糊了混凝土建筑和钢建筑的差异。包裹于钢材外面的混凝土能为内部构件提供防火保护，并强化柱子的性能。

板和梁

板和梁受到荷载作用，并将其连同自重传递给柱子。荷载在梁内产生弯矩和剪力。受弯的梁下缘受压，上缘受拉。在钢筋混凝土梁中，混凝土承受压力，钢筋承受拉力。如果不能承受其中一种荷载，就会使挠度过大，甚至最终坍塌。由于弯矩产生于支座周围，力在跨中最大。当支座用向上的力抵消梁向下的力时，就会产生剪切作用。剪切作用在接近梁的端部最大，需要由钢筋来承受。

对梁施加荷载会产生挠度，使梁产生物理性的弯曲和变形。这通常是肉眼不易察觉的。然而，挠曲变形产生的裂缝会导致冻害，并最终降低构件的整体强度，同时也会影响美观，或让非专业者在发现这一情况时感到担心。

图6.7 从贝斯顿运河（Besten Canal）岸边看诺丁汉运河街索斯瑞夫综合项目（Southreef mixed-used project）中住宅塔楼的现浇楼板和圆柱，注意背景中格网状的混凝土框架。

图6.8 诺丁汉运河街索斯瑞夫综合项目住宅塔楼的现浇楼板、圆柱和剪力墙，前景为预制混凝土面层
建筑设计：里维泰特（Levitate）

图6.11以夸大的方式表达了梁和门式框架在荷载作用下的挠曲变形，以及相应的弯矩图。注意多跨梁（D）比单跨梁（A）挠曲变形要小。这是因为连续梁在柱头一边的弯曲抵消了另一边的弯曲，而且多跨梁两端的表现是不同的。悬臂端挠曲较小，因为其弯矩被柱子另一边的梁平衡了。这意味着从支撑位置挑出的混凝土梁和板，作为悬臂可以薄一点。如（B）所示，均匀受压条件下理想的悬臂长度为跨

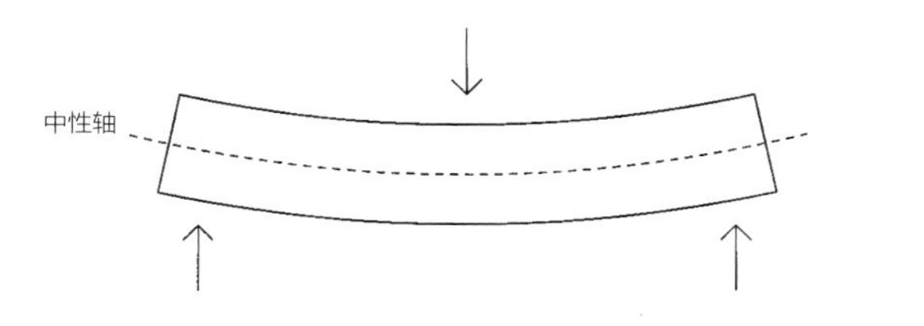

图6.9 简支梁在荷载作用下挠曲变形的夸大图示——显示力在梁高方向上的分布

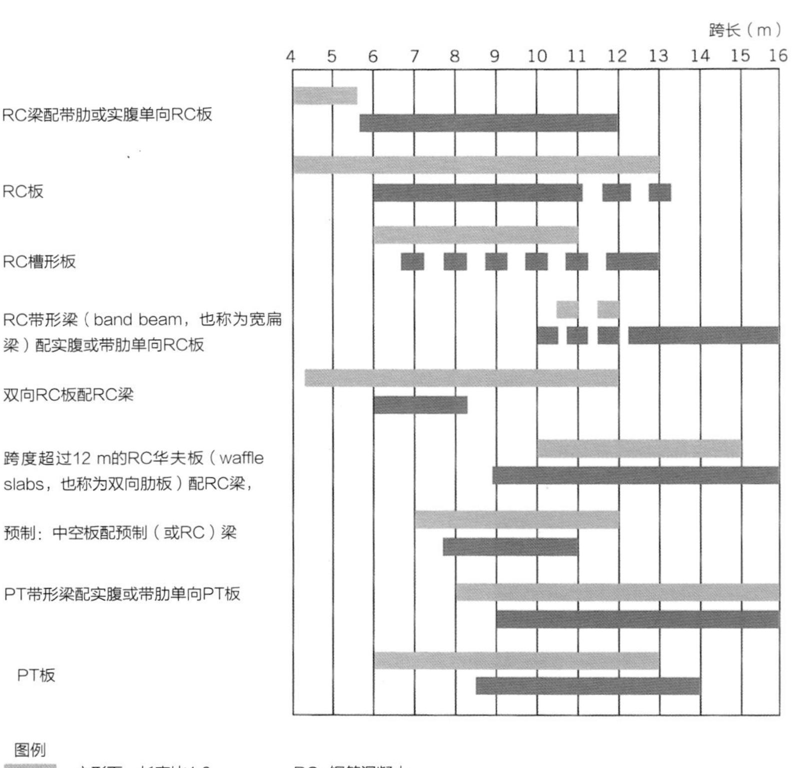

图6.10　混凝土框架结构的典型跨度[2]

度的1/6。

采用单跨梁还是多跨梁，部分由构件为预制还是现浇决定。预制系统较少为连续式，根据高跨表（span/depth charts）查找梁高数据显示的也是单跨的情况。而现浇系统大多是整体的，只要多于三根柱子连成一线就能形成多跨。针对现浇系统的高跨表显示的梁高数值为多跨情况下的，比端跨和单跨结构的要小。这一部分介绍了常见楼板类型信息，包括现浇、预制和复合系统。现浇和预制混凝土各自的特点在第3章中已经有过详细探讨，本章再次提及，主要从其产生的结果来考虑的。预制和复合系统的区别在框架结构中经常被模糊，因为大多数预制系统都需要某种形式的现场浇筑操作，而许多复合系统也是基于预制装配并附加结构顶的。

板和梁可以通过预应力过程进行强化。在梁内设置处于拉伸状态的钢筋，用来拉住混凝土而使梁的上半部受压。效果类似于把一排书的两端夹住，然后把书从一个书架搬到另一个书架去。在现场施加预应力被称为后张法（post-tensioning），相对应的，在预制过程中施加预应力被称作先张法（pre-tensioning）。预应力板和梁能以更小的高度获得更大的跨度。图6.13～6.16展示了后张法所需的构件。

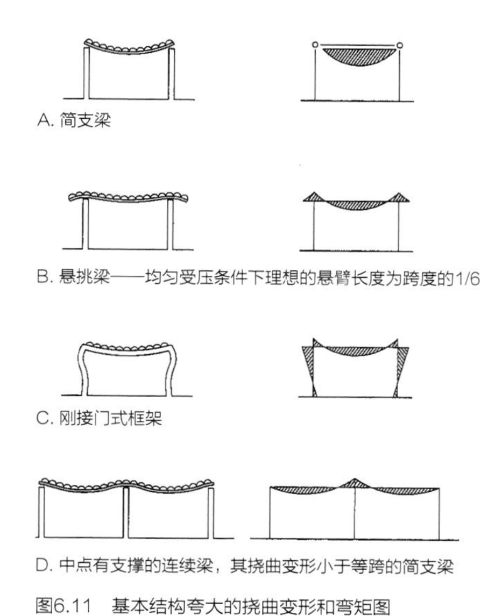

图6.11 基本结构夸大的挠曲变形和弯矩图

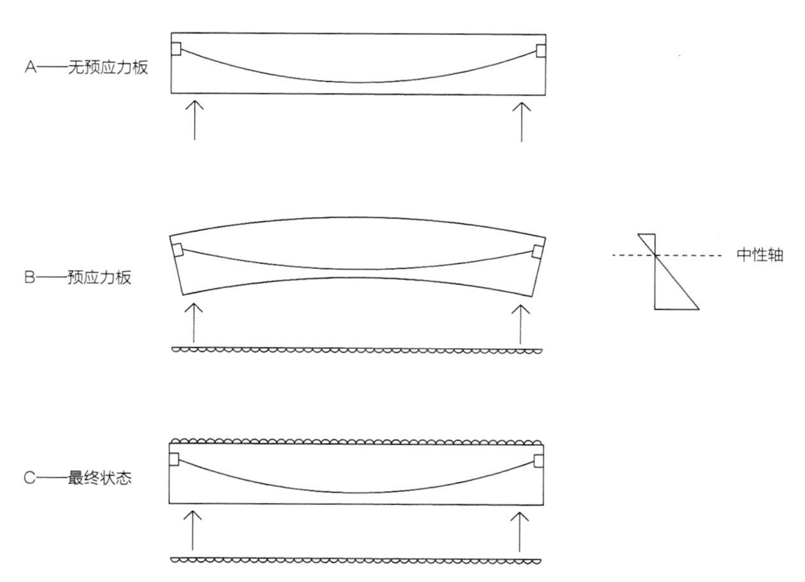

图6.12 对混凝土梁进行预应力处理的优势的图解

除了其担负的结构功能外，板的设计可以说是框架设计中最为自由的，是有最多机会去探索混凝土建筑的外观、热学和空间品质的领域。本节将列举一系列基本类型的板的相关信息，包括常见形式、典型跨度和建造方式等。楼板底面的外观会对空间产生巨大影响，华夫板形式独特，平板简洁，梁块（block and beam）顶棚形成起伏的工业美。清水楼板底面既能形成特有的美观效果，也可以充分调动混凝土的蓄热性能。清水楼板底面增加了混凝土表面，展现了其建造方式，而完全平整的底面则有助于反射自采光。

还需要结合结构来设计建筑的水平和垂直设备管线。如果你决定在内部将结构裸露出来，通常会导致水管、电线和照明灯具等设备布置暴露，因而需要将其细致地整合到混凝土结构中。水平管线不得不绕过板下的梁和肋，而垂直管线则只能穿过楼板。由理查德·罗杰斯建筑事务所（Richard Rogers and partners）和奥雅纳工程顾

图6.13 诺丁汉运河街（Canal Street）工地，现浇混凝土边梁钢缆安装前，铸铁后张活动端（live end）俯视

图6.14 现浇混凝土边梁的铸铁后张活动端

图6.15 混凝土浇筑前后张钢缆就位

图6.16 在张拉过程中应露出后张钢缆端头，便于施作

（对页）

图6.17 爱丁堡大学信息广场（Informatics Forum of Edinburgh University），混凝土框架、剪力墙和顶板底面全部采用清水形式，以增加热质量。受爱德华多·包洛奇（Eduardo Paolozzi）的画作《图灵》（*Turing Prints*）的启发，天花顶板被涂上了鲜艳的颜色

建筑设计：贝内茨建筑师及合伙人事务所

图6.18 波特兰街（Portland Place）BBC总部扩建的现浇混凝土核心筒
建筑设计：MJP建筑师事务所

问公司设计的伦敦劳埃德大厦，在开放的结构混凝土梁网格和100 mm的楼板之间，有440 mm容纳设备的空隙，同时可起到楼层之间的隔声作用。如第151页所示，这个设计能容纳不同类型的设备，可以按时间和用途变化进行维护或更替。相比之下，谢普德·罗伯森（Sheppard Robson）在萨里（Surrey）丰田总部的设计中，则将定制的预制顶面凹槽（coffer）与照明及通风设备紧密地整合在一起，如图3.20。由于一开始就将设备开洞设于顶面凹槽中，设计得以将通风进气口嵌入顶板，因而形成一个特制的照明反射板（lighting raft），将光由底面反射出去。

精心设计和施工的混凝土结构能使用数百年。在这么长的时间里，结构的用途会不可避免地产生变化，因此一个好的楼板系统应该能够适应新的功能和设备。从结构的长期多用途适应性角度出发，可能需要对混凝土楼板再次划分或在板上打洞。因此，选择什么样的楼板，就会影响到房屋的长期适应性。例如平板，如果在靠近柱子的位置打洞就会对其产生影响。预应力结构也会因绷紧的钢筋被暴露而造成影响。伦敦劳埃德大厦为避免类似问题，而将卫生间和楼梯间等非永久性功能布置在开放布局的楼板的外围。很多预制板系统，例如梁块（block and beam）体系则更容易适应变化，因为可以方便地移除独立单元以形成洞口。

利用框架，就能直接减少结构的材料用量。如果需要进一步减少，就需要采用特殊形式的楼板，或者在板厚范围内设置空心模具，将板浇筑为中空形式。相同跨度的槽形板和华夫板比平板所需的混凝土要少，但在支模方面需要消耗更多的时间、能源和材料。格构梁（lattice girder）的底面可以填充聚苯乙烯或塑料膨珠以减轻重量以及板内的混凝土用量。

支撑和剪力墙

除了承受结构内部的力，框架还必须承受来自外部环境的力。在大风中，多层框架就成为垂直悬臂，需要以某种方式将水平的风荷载垂直传递到地基中。通常可通过以下四种策略之一实现：即使用剪力墙或结构核心筒，钢交叉支撑，混凝土交叉支撑，以及在垂直和水平构件之间设置刚性节点（stiff joints）。第7章关于墙的内容将会解释剪力墙和交叉支撑的设置。这些策略能尽可能减小柱子的截面，但是可能会妨碍功能布置。在构件之间采用刚性连接需要更高的强度，因而使得柱子尺寸更大，但是能形成不间断的开放空间。

设计混凝土框架时，需要考虑以下因素：

- 框架在内部和外部的暴露形式；
- 框架在建筑环境方面的任务，包括热工、声学和照明策略；
- 选择现浇、预制还是复合方式建造；
- 是否使用悬挑；
- 建筑的使用荷载和附加荷载；
- 未来在楼板上打洞的可能；
- 容纳房屋的垂直和水平设备管线的可能；
- 材料和模板搭建所需消耗的蕴能（imposed energy）；
- 施工便利性和模板的重复使用；
- 在建筑使用寿命结束后拆除，并对构件、混凝土和钢筋进行重复利用；
- 防火。

平板

平板，也被称作实腹板（solid slab），总体厚度较薄，简洁美观。模板工程简单，能快速建造，因而成本较低。平整的底面则便于安装水平方向的设备管线，并可辅助自然采光。隔墙可以设置于其下任何位置。板边和柱子周围的剪切作用会产生一定问题，通常的解决方法包括使用蘑菇柱帽、托板（drop panel），或在楼板内插入钢制柱头（shearhead）等。另外，在楼板上打洞也会产生问题。采用后张法可以大幅增加楼板的跨度，而预制的小型单元（可达3.5 m宽，4 m长）则能用于有重复性的房屋类型，如旅馆、学生宿舍和军营等。当然，平板能提供的表面积有限，因而能暴露的热质量不大。

主要优势

- 模板搭建简单快捷。
- 平面布置灵活，便于分隔和设备设置。
- 板底平整，有助于反射阳光。
- 跨度较大时便于采用预应力方式。

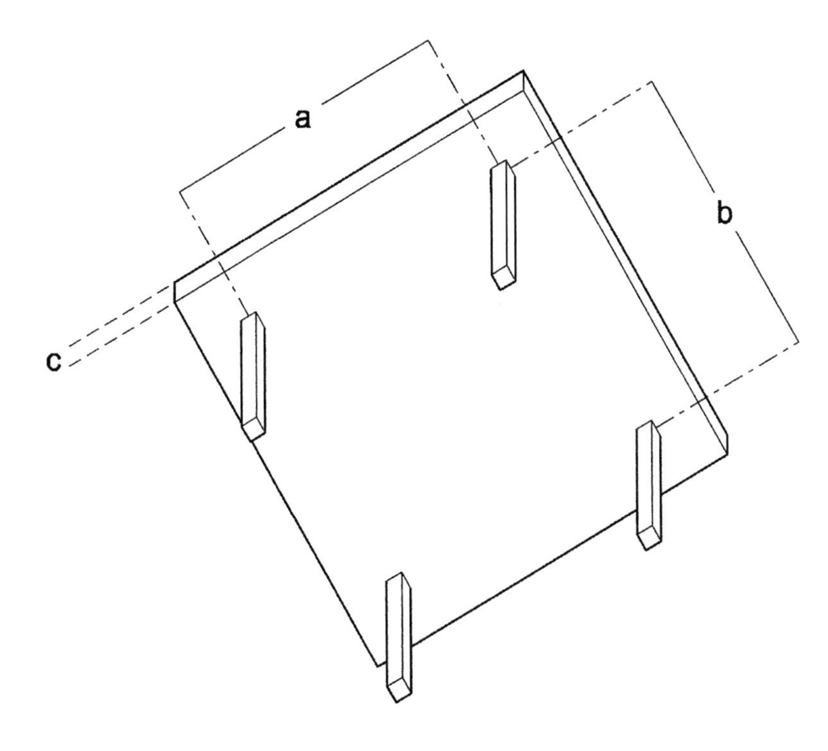

a=4000 mm ~ 12000 mm
6000 mm ~ 14000 mm，后张预应力
b=4000 mm ~ 12000 mm
6000 mm ~ 14000 mm，后张预应力
c>200 mm

新街广场办公楼

2006年，新街广场办公楼框架，由贝内茨建筑师及合伙人事务所和佩尔·弗里施曼（Pell Frischmann）工程事务所的工程师合作设计，后张预应力平板使可用（letable）面积得到最大化。板厚为325 mm，通过在板上设置“柔软点”（soft spot），相对便于开洞，以提供未来功能变化所需要的灵活性。柱网为9000 mm×12000 mm。

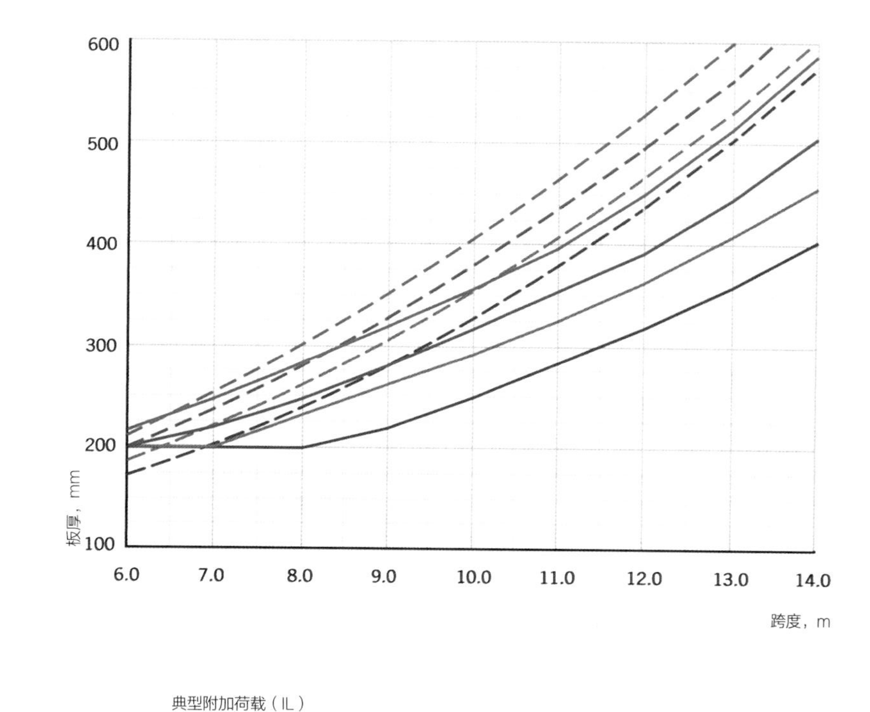

有柱帽平板

柱子周边的剪切作用是平板的一大难题，尤其对于承受较高荷载的楼板来说。解决这些问题可采用柱帽，并减小其他位置板的厚度，保持底面相对简单。此举能够有效控制跨度为5 m ~ 10 m的大荷载建筑的建造成本。对于规则平板而言，主要问题在于长向上的挠曲变形，可能导致板边开裂，而板边通常与建筑的外表面，如抹灰墙等位置相连。有柱帽平板更便于自然采光，也较为适应设备布置的需求。内部隔墙装配简单明了，无须考虑柱网位置。柱头也能或多或少增加结构的表面积。

主要优势

- 平面灵活，有利于隔墙和设备布置。
- 板底平整，有助于反射阳光。
- 承受荷载更大。
- 通过施加预应力可实现更大跨度。

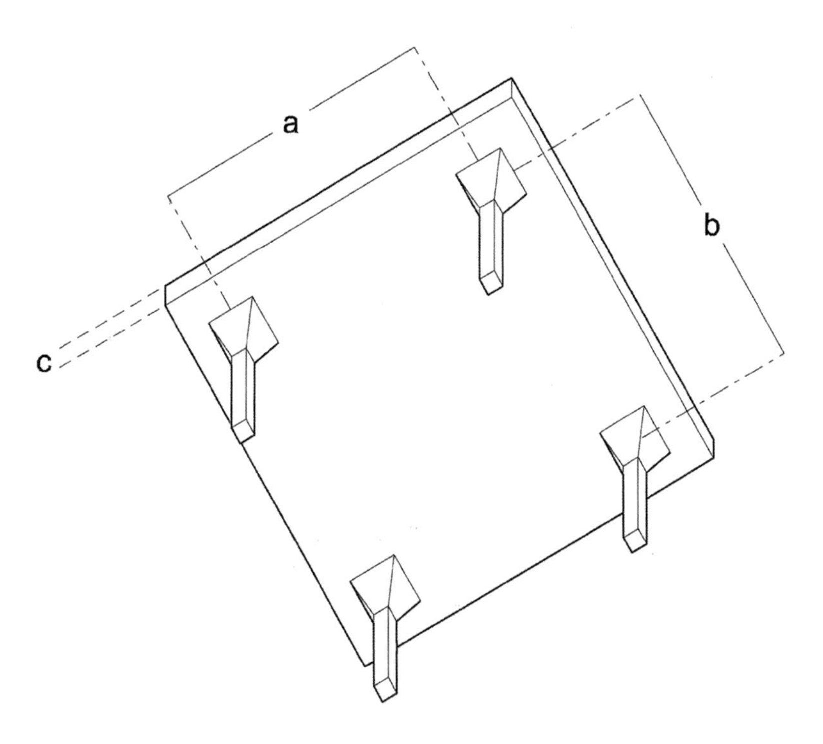

a=4000 mm ~ 12000 mm
b=4000 mm ~ 12000 mm
c>200 mm

靴子工厂D10车间

靴子工厂D10由欧文·威廉姆斯设计，是用于湿法工序的车间，尼古拉斯·佩夫斯纳（Nikolaus Pevsner）称其为“现代建筑的一个里程碑——尤其是混凝土建筑”[3]，他引用雷纳·班纳姆（Rayner Banham）的评论，认为D10车间是英国最具影响力的现代建筑物之一。[4]如图6.19所示，蘑菇状的混凝土柱头支撑着混凝土楼板，环绕打包大厅。正立面在卸货台上方挑出9.15 m。靴子工厂D10车间建于1930～1932年，把高效的功能布局和优雅的建造结合在一起，至今仍在生产使用中。[5]

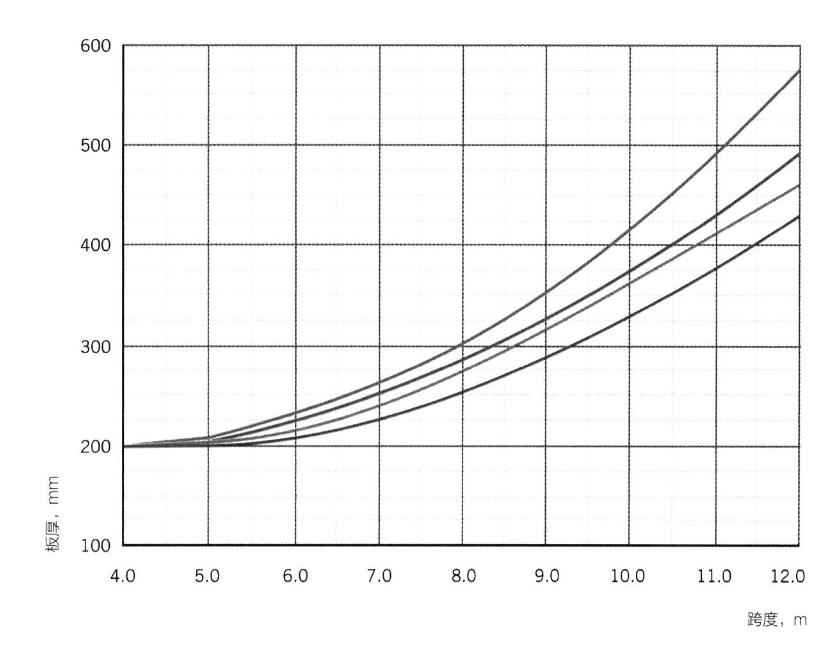

图6.19　靴子工厂D10蘑菇柱头，1932年建成
建筑设计：欧文·威廉姆斯（Owens Williams）

EXIT

有梁单向板

有梁单向平板是一种非常直接的建造方式。和典型的平板不同，这种板只在一个方向上受力。梁的跨度通常更大，并解决了平板的剪力问题。板和梁作为整体发挥作用，因而不同位置的梁可被视作T形或者倒L形构件。这种系统易于实施，建造快速、经济。可以将楼板周边的肋形梁设为上翻的形式，以减少对照射到楼板底面的阳光的遮挡。上翻的梁通常梁高会大一些，但是可以与墙结合在一起。这种楼板因表面积有限，难以发挥蓄热作用，同时肋形梁也可能影响顶棚下设备管线的布置，并且会在顶板投下阴影。

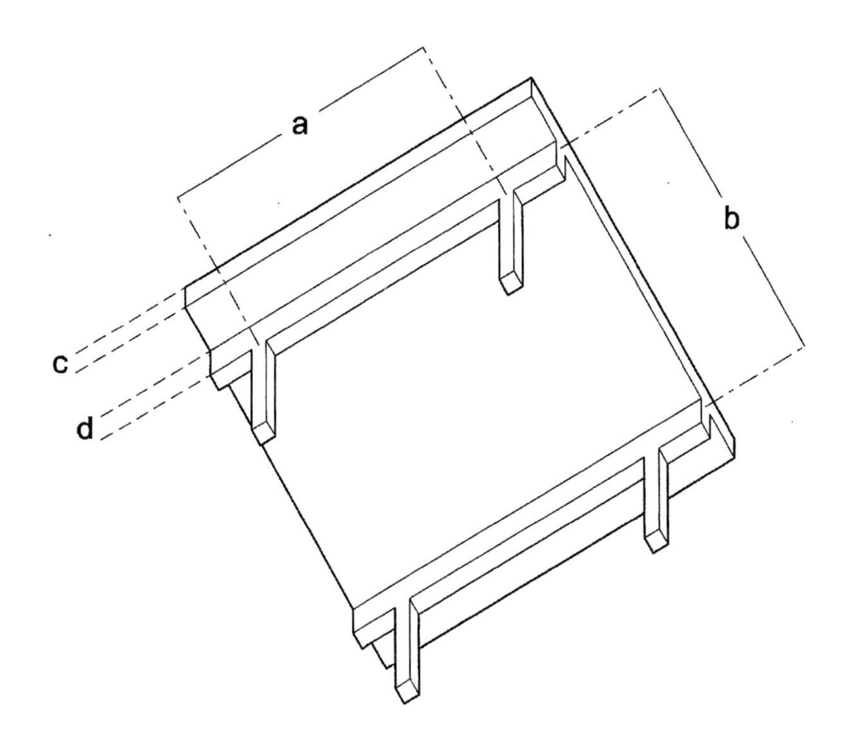

a=4000 mm ~ 12000 mm
b=4000 mm ~ 12000 mm
c>150 mm,采用后张预应力时>200 mm
d>230 mm,采用后张预应力时>280 mm

主要优势

- 结构简单
- 模板工程快速简单
- 平面灵活，有利于布置隔墙和设备
- 易于施加预应力实现大跨度

板厚可用本页的曲线图进行估算。梁高应包含板厚，其数值取决于梁所支撑的板的面积。把梁布置得更密一些能减小其高度，同时也减小了板的跨度。梁宽则通常与柱宽相等，以便简化支模工序。本页图示显示了对板施加后张预应力后板厚显著减小的优势。

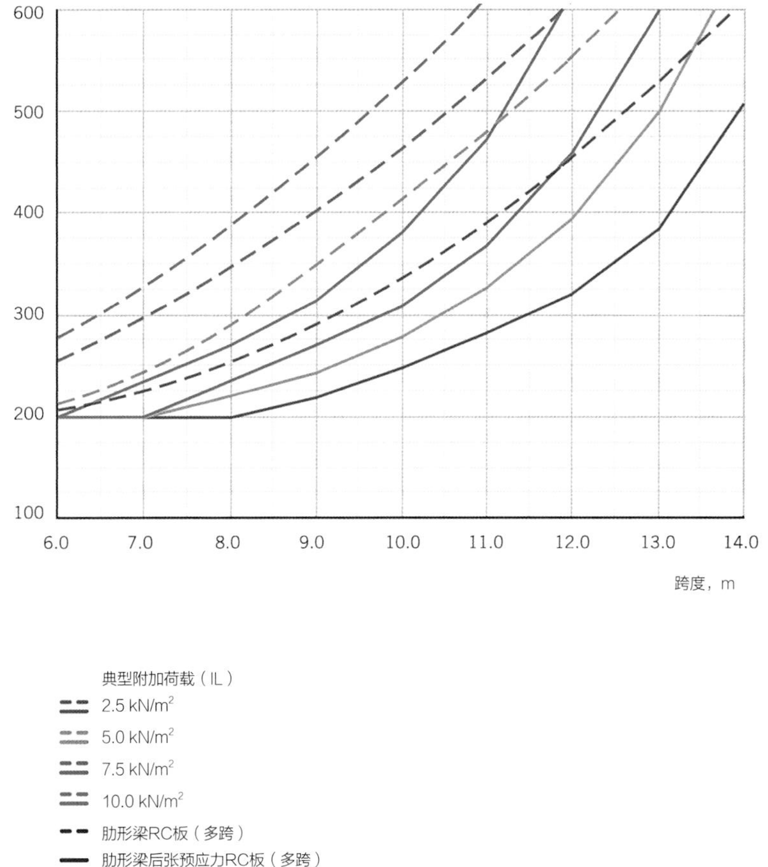

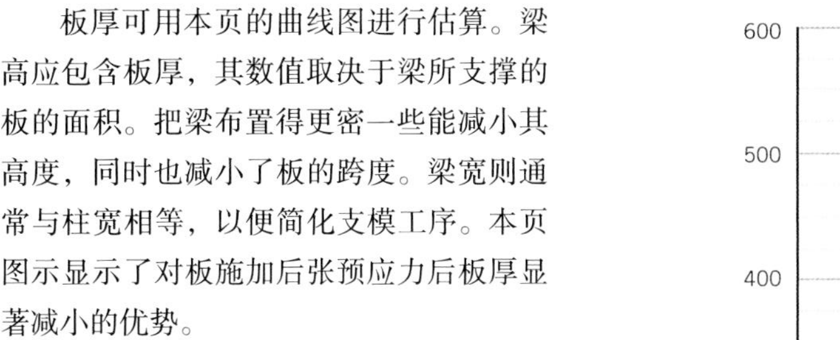

有扁梁单向板

对于荷载较轻的结构，采用平板配扁梁的形式，比配与柱子尺寸一致的梁更经济。扁梁减小了板的有效跨度，因而也就减小了其总体厚度。扁梁的典型宽度为2400 mm，通常从楼板底面向下凸出150 mm。其跨度计算仍然从柱中线开始。扁梁和板由可重复使用、可拆卸的桌形模板（table form shuttering）浇筑而成。其较小的梁高有利于设备布置，也便于日光照射到建筑室内。

主要优势

- 建造快速简单
- 板厚小
- 采光好，与朝向有关

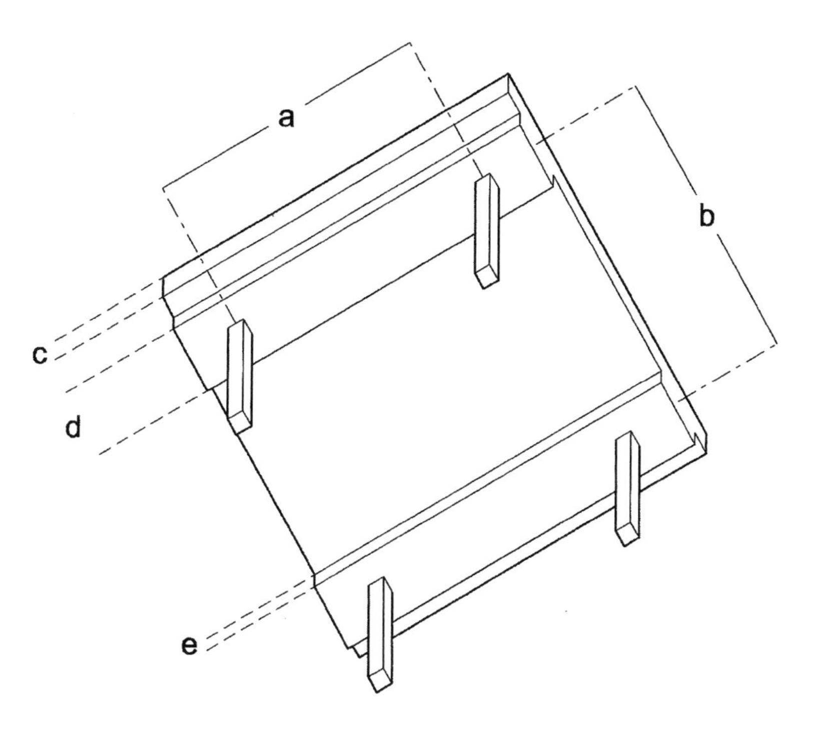

a=4000 mm ~ 15000 mm
b=4000 mm ~ 12000 mm
c>150 mm,采用后张预应力时>200 mm
d=通常为2400 mm
e=通常为150 mm

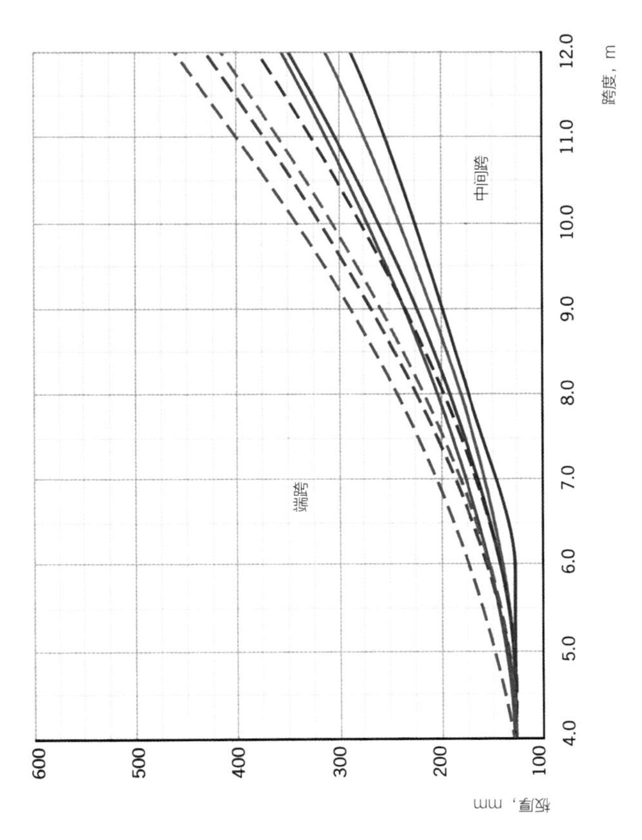
板厚，mm
600
500
400
300
200
100
4.0
5.0
6.0
7.0
8.0
9.0
10.0
11.0
12.0
跨度，m
端跨
中间跨
典型附加荷载（IL）
2.5 kN/m^2
5.0 kN/m^2
7.5 kN/m^2
10.0 kN/m^2
端跨（多跨之中）
中间跨（多跨之中）

有梁双向板

带肋形梁的双向平板在两个方向上都受力，因而通常使用方形柱网。这种形式常用于仓库等荷载大而设备管线相对少的建筑。肋形梁不利于设备管线的布置，因为管线不能穿梁。这也间接影响了室内净高以及整个结构的高度。为了便于施工，梁宽通常由柱宽决定。

主要优势

- 适合较大荷载
- 需要规则柱网
- 易于施加预应力实现大跨度

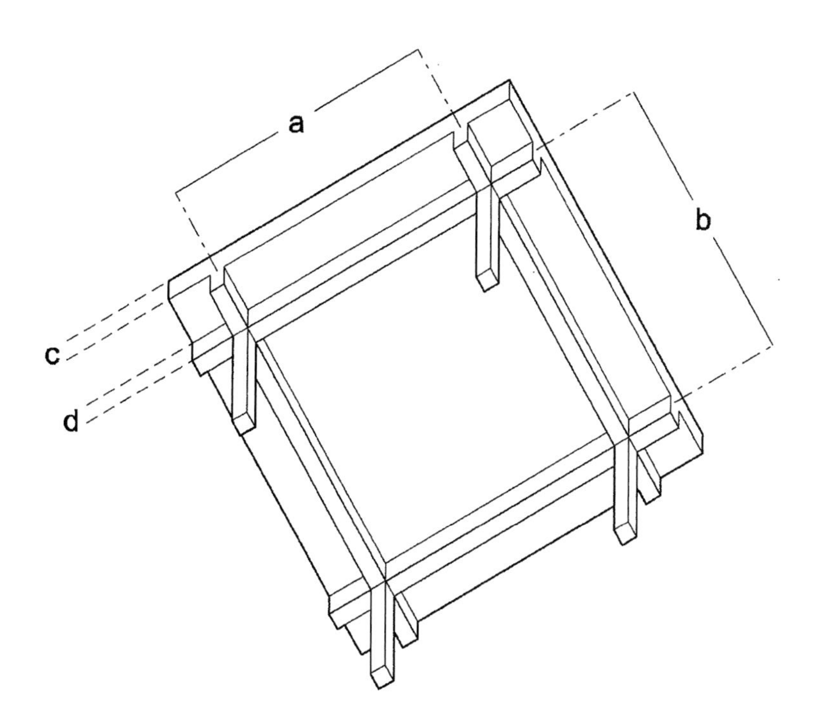

a=4000 mm ~ 12000 mm
b=4000 mm ~ 12000 mm
c>150 mm,采用后张预应力时>200 mm
d>225 mm

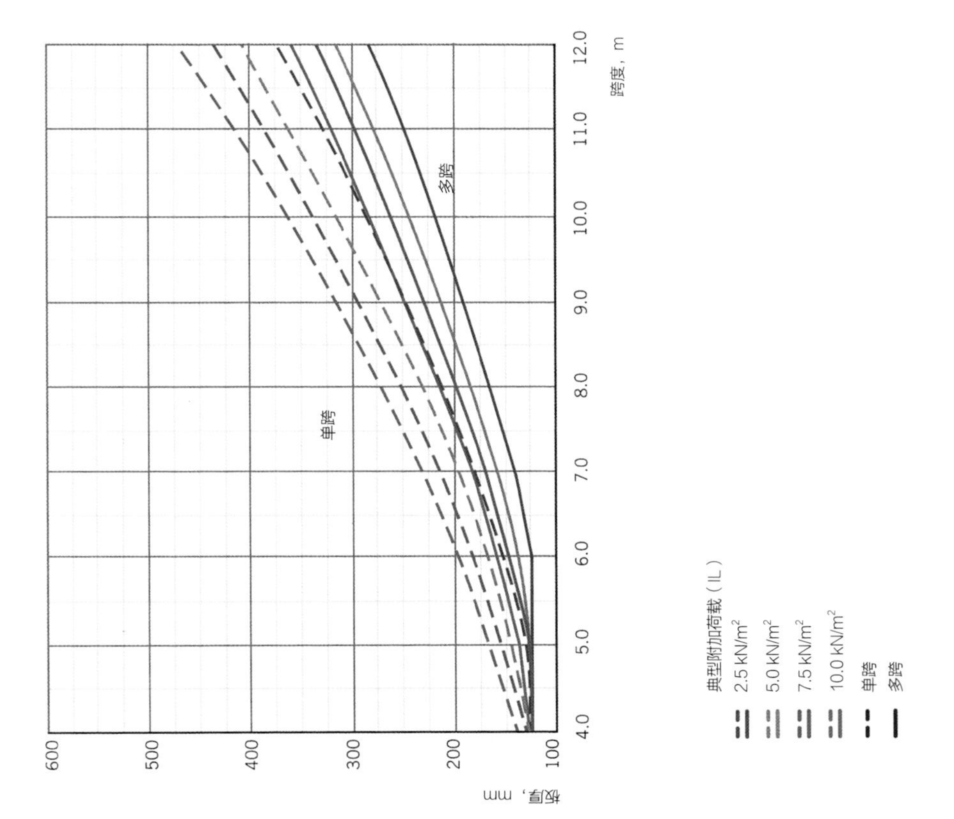
板厚，mm
600
500
400
300
200
100
4.0
5.0
6.0
7.0
8.0
9.0
10.0
11.0
12.0
跨度，m
单跨
多跨
典型附加荷载（IL）
2.5 kN/m^2
5.0 kN/m^2
7.5 kN/m^2
10.0 kN/m^2
单跨
多跨

有梁肋板

这种现浇板的底面为通长的凹槽所形成的肋，板的自重因此相应减小。与跨度接近的平板相比，有梁肋板减少了楼板的混凝土总量，并增加了表面积。肋板的总体厚度相对较大。肋位于肋形梁之间，单向布置，也常有宽梁或整体宽梁。梁的跨度较大，而肋的跨度相对较小。这一类型的肋板，由于肋的表面积很大，适于作为FES策略的组成部分。板上可以开设各种大小的洞口。如果设置隔墙的位置不与肋平行，需要特别加以注意。肋形梁会给设备管线的布置造成困扰，同样当其方向不与肋平行时需要特别注意。

主要优势

- 表面积大
- 易于开洞
- 独特的顶面形状
- 凹槽能减轻自重

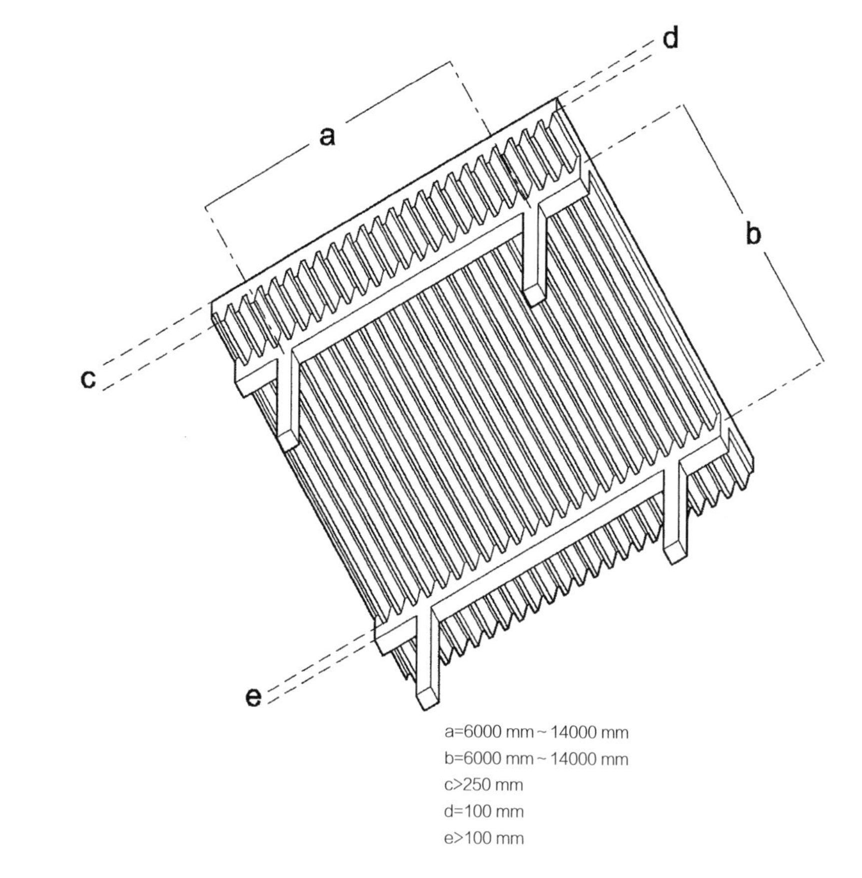

肋为现场浇筑，采用发泡聚苯乙烯之类的高分子模具。浇筑时需要对模具进行支撑，然后取下清理干净再重复使用。肋的形式可以有所变化，但是底部至少要达到125 mm宽以便设置钢筋。

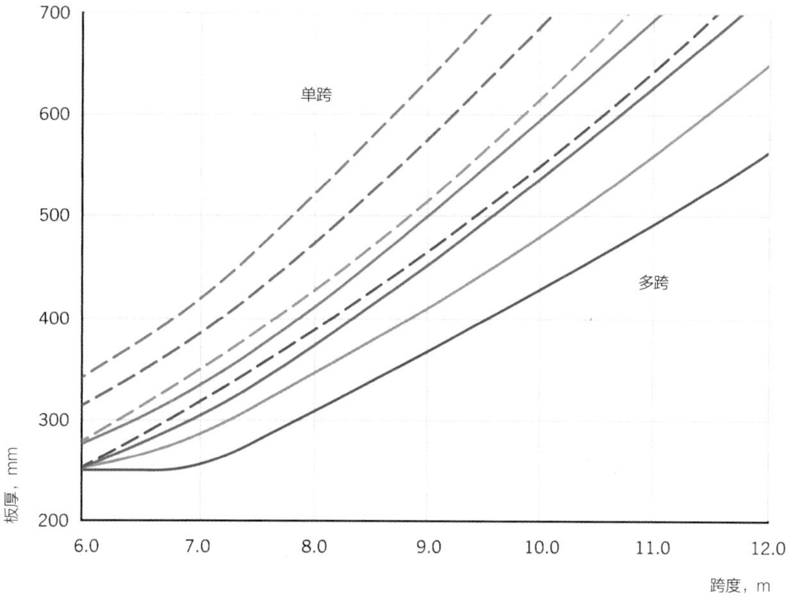

槽形板

槽形板在许多方面与肋形板相似，不同点在于槽形板将边梁整合其中，与肋底平齐。梁通常比较宽并要增加配筋，以对抗挠曲变形。与肋形板一样，槽板具有较大的表面积，适于作为FES策略的组成部分。如果要保持底面平整，就需要简化设备管线的布置，这也在一定程度上有助于自然采光。

主要优势

- 表面积大
- 易于开洞
- 独特的顶面形状
- 凹槽能减轻自重

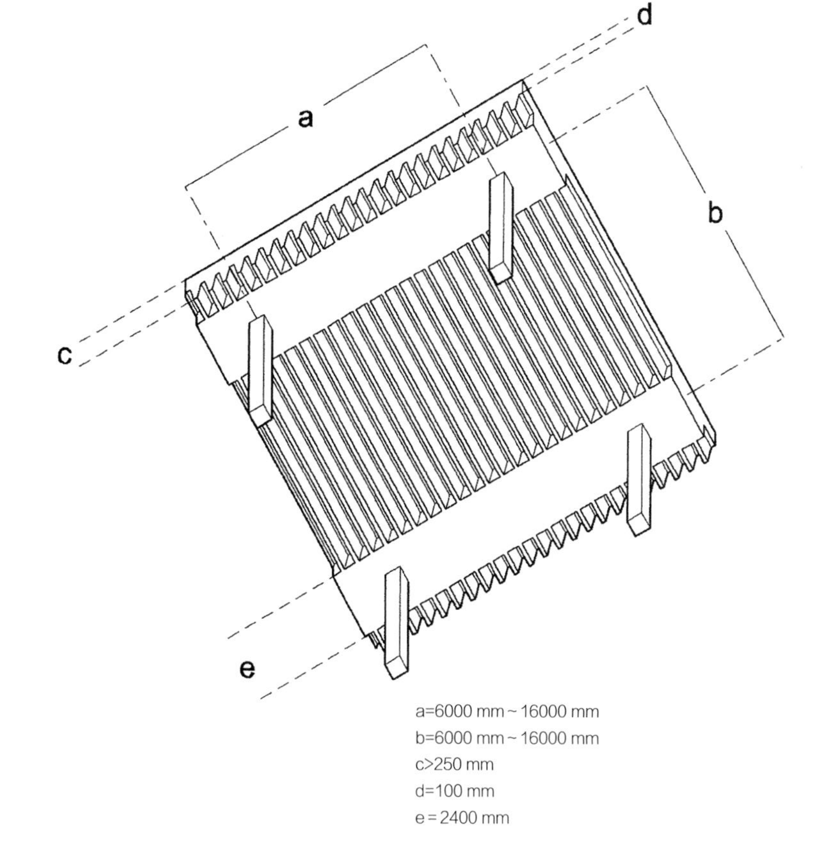

这类板为现浇体系，通常使用由聚苯乙烯或其他高聚物定制的模板。可以通过重复使用，降低模板工程的高能耗和成本。肋底面宽最小为125 mm，便于设置钢筋。

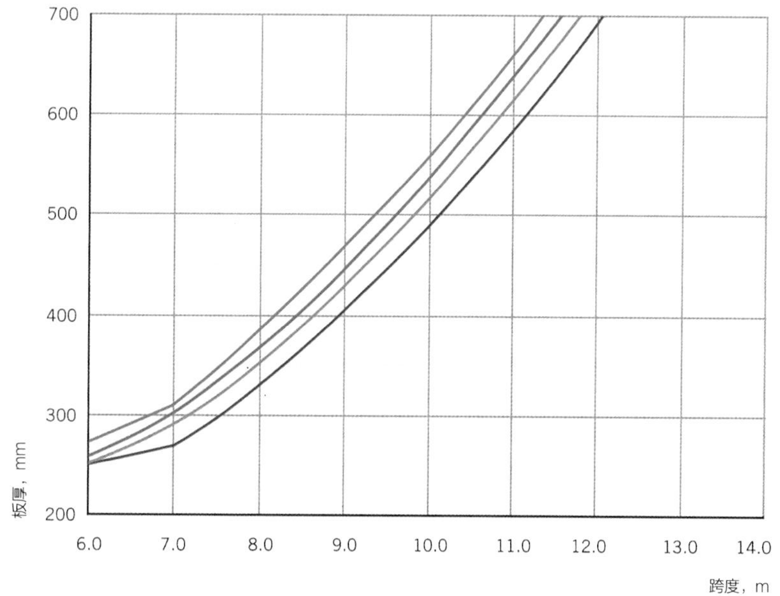

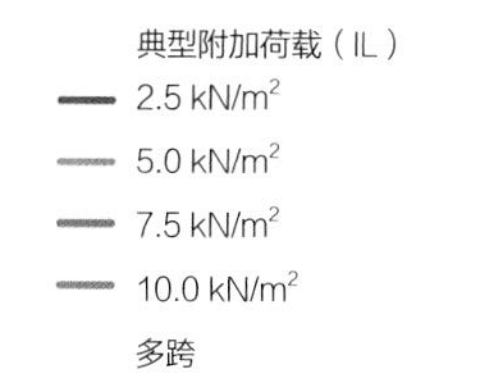

有扁梁肋板

有扁梁肋板与槽形板的不同，在于扁梁从板底凸出出来，通常梁宽为2400 mm。由于梁的高度大于板厚，能适应更大的跨度。和槽板一样，有扁梁肋板的表面积也很大，适于作为FES策略的组成部分。板上可以开洞，但尽量不要穿梁。需要仔细设计内部隔墙的细部，即使是很小的突出也会使水平管线的布置变得复杂。

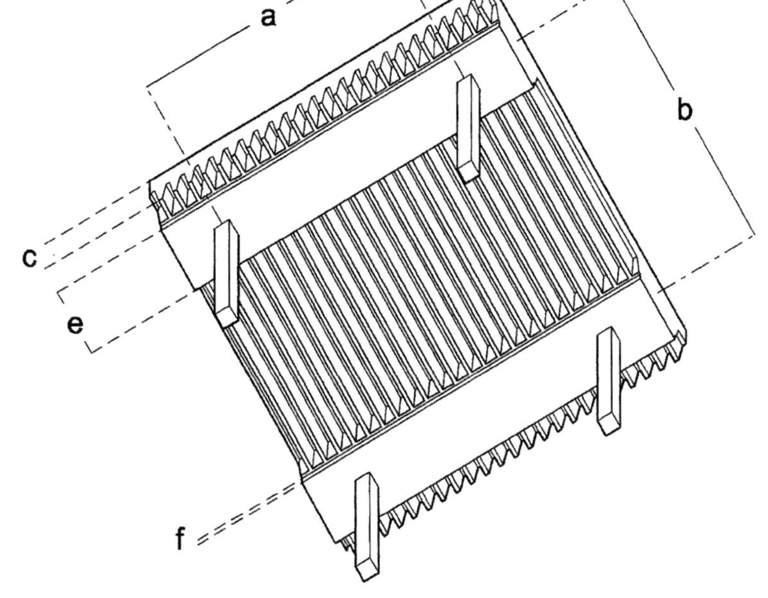

a=6000 mm ~ 14000 mm
b=6000 mm ~ 14000 mm
c>250 mm
d=100 mm
e=150 mm
f=150 mm齐平

主要优势

- 表面积大（FES）
- 易于开洞
- 独特的顶面形状
- 凹洞能减轻自重

这类板为现浇。定制形状的模具通常应在一个建筑的结构中重复使用。浇筑楼板时，需要在模具下方进行支撑。肋应为从上到下的收分形式，以便脱模，而肋底面宽度最小为125 mm，以便设置钢筋。

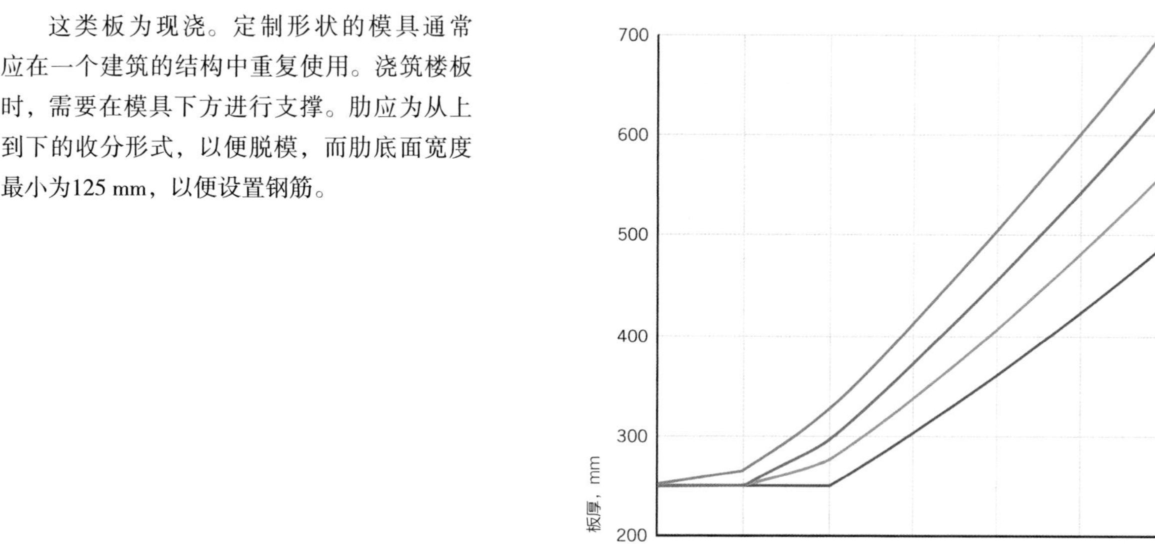

华夫板

华夫板底部凹陷，有规则的空格，双向受力。与平板相比，华夫板使用的混凝土较少，有较大的表面积，但代价是板厚大、模板搭建费用高、建造时间长。由于其底面可在室内暴露出来，表面积较大，满足FES系统的需求。其底面可形成独特光影效果，还可通过充分配合灯光照明设计，产生多样的形式。由于板肋双向，可以灵活布置隔墙。柱周边的空格通常填充起来以应对剪力。

主要优势

- 表面积大（FES）
- 相对易于为设备管线开洞
- 独特的底面形状
- 凹洞能减轻自重

板的形状需要采用聚丙烯材料、增强塑料（GRP）或发泡聚苯乙烯等材料制成的模板在现场浇筑而成。

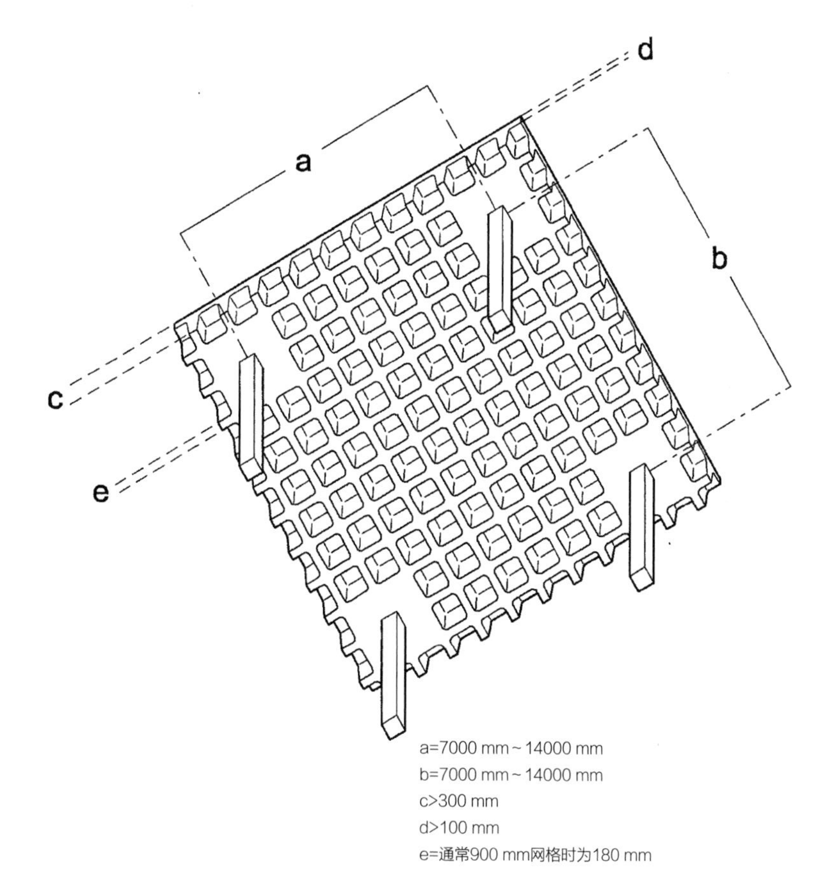

a=7000 mm~14000 mm
b=7000 mm~14000 mm
c>300 mm
d>100 mm
e=通常900 mm网格时为180 mm

标准模具一般平面为方形，截面高度为225 mm、325 mm或425 mm。对于900 mm的网格来说，肋宽应为125 mm。当跨度增大时，肋宽也相应增加，以容纳增加的钢筋。定制的模具可适用于特定项目，可采用菱形或三角形网格。

英国国家剧院

丹尼斯·拉斯顿（Deneys Lasdun）设计的伦敦英国国家剧院（Nationl Theatre），采用了定制的玻璃钢模具，现浇混凝土华夫板形成1100 mm的正交网格。

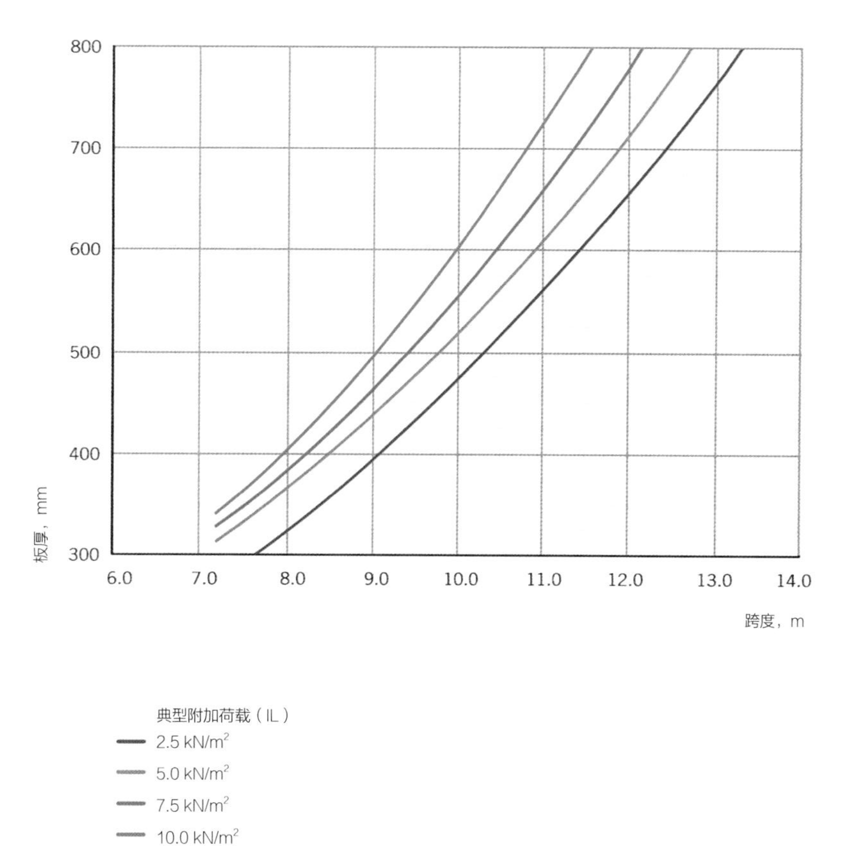

预制空心板

预制空心板是最为常用的预制建造形式，根据厂商不同而有各种类型的尺寸，基本上都是宽的混凝土平板（plank），沿其长向有连续的空洞。空洞减少了板的自重。整个平板在工厂环境下由钢模具浇筑而成，运抵施工现场吊装到位，并以水平砂浆抹面即可完成。结构顶面可以增加跨度或增加荷载。使用钢模具使得其底面光滑，可直接暴露出来或粉刷。板的边缘设有小的凹槽，在两板之间形成所谓的“鸟嘴接头”（bird’s mouth joint）。板厚变化范围在150 mm到450 mm之间，并可添加砂浆层和面层，板的宽度通常为600 mm或1200 mm。预制板搭接于预制或现浇的梁和墙体之上。预制空心板可作为主动建筑物能量储存（FES）系统的基本组成。

主要优势

- 跨度和荷载承受范围大
- 预制减少了现场施工时间
- 直接保证工作平台安全
- 板底可暴露或简单处理

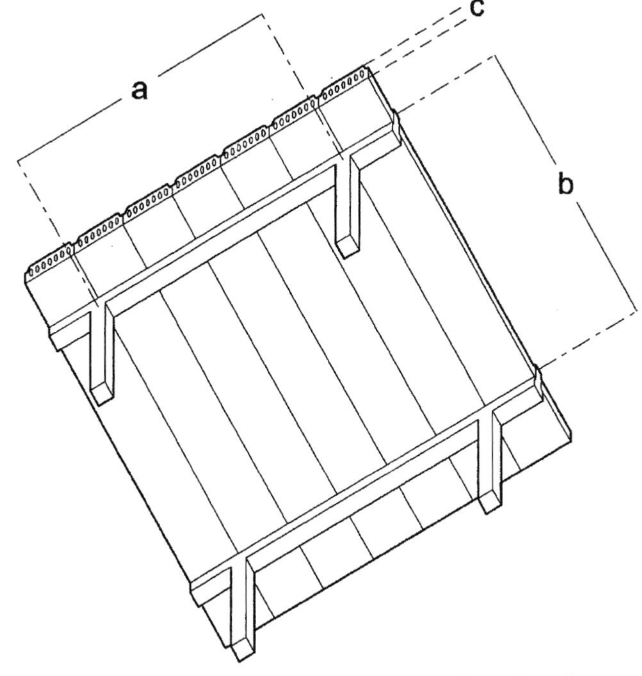

a=4000 mm～16000 mm（根据框架设计）
b=4000 mm～16000 mm
c>150 mm～400 mm

- 现场无须支撑和模板
- 可用作主动建筑物能量储存（FES）系统的组成部分

伊丽莎白·弗赖伊楼

一些厂商，如Termodeck™，将内部的空洞也利用起来作为主动FES系统的一部分。约翰·米勒及合伙人事务所（John Miller and Partners）建造的伊丽莎白·弗赖伊楼，就充分利用了空洞的热交换性能，将通过板内空洞管道的空气作为夜间制冷的资源储存起来。室内顶板暴露以吸收使用者散发的热量，随后通过计算机控制的楼宇管理系统将其排出建筑之外。与空心板相结合的管道系统避免了暴露管道，也无须另外设置吊顶。

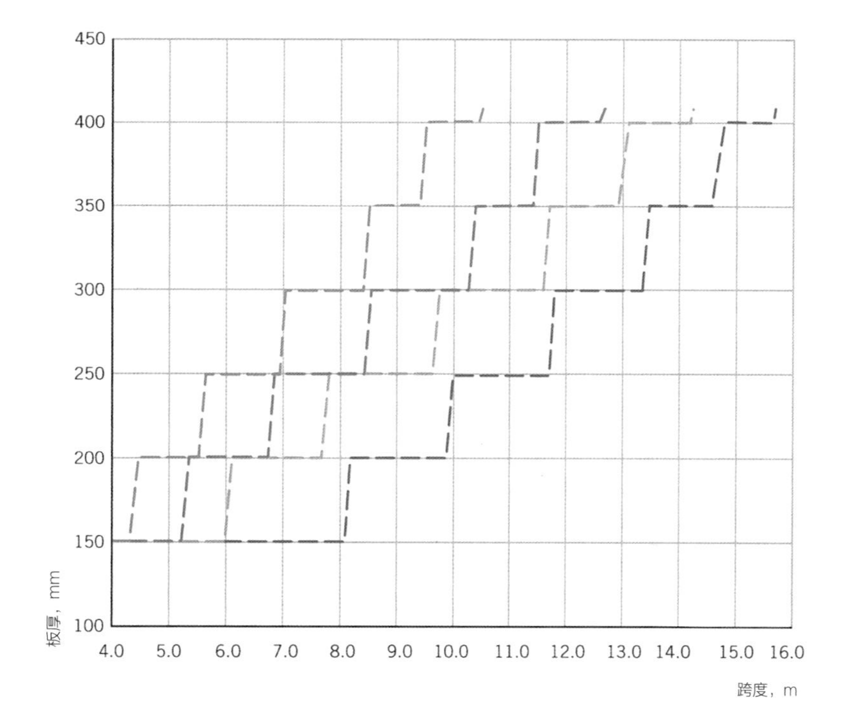

复合空心板

为了增加跨度，预制空心板可作为现浇钢筋混凝土的永久模板，形成混合楼板结构。空心板是在工厂环境下用钢模板浇筑的。这些构件运到现场后吊装到位，直接可形成楼顶板和地板。通常在其上加上50 mm较轻的现浇钢筋混凝土作为面层。最终结构将工厂预制构件的饰面和施工现场环境较为粗放而自然的效果结合起来。

主要优势

- 板底可暴露或简单处理
- 现场无须支撑和模板
- 楼板生产在工厂环境下进行
- 平面灵活，有利于隔墙和设备布置
- 板底平整，有助于自然采光
- 可用作主动建筑物能量储存（FES）系统的一部分

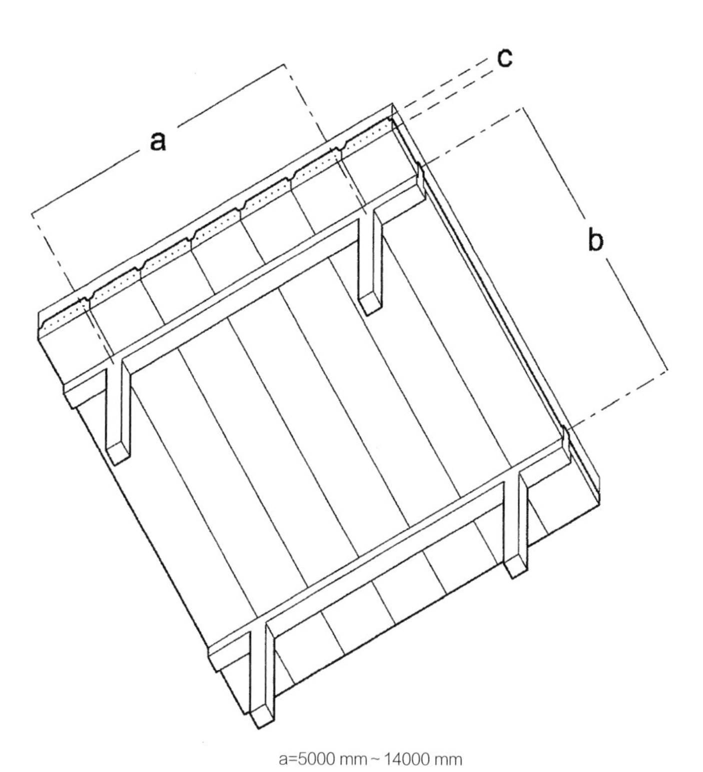

a=5000 mm ~ 14000 mm
b=5000 mm ~ 14000 mm
c>200 mm ~ 450 mm

空心板的长边通常都设有小的倒角，因而在两块板交接的板底位置形成鸟嘴效果。工厂环境一般将板底直接暴露出来，而在其他场所中则可以进行粉刷、抹灰或设置吊顶。平整的底面有助于阳光照射进入室内，也可用作主动FES系统的一部分。

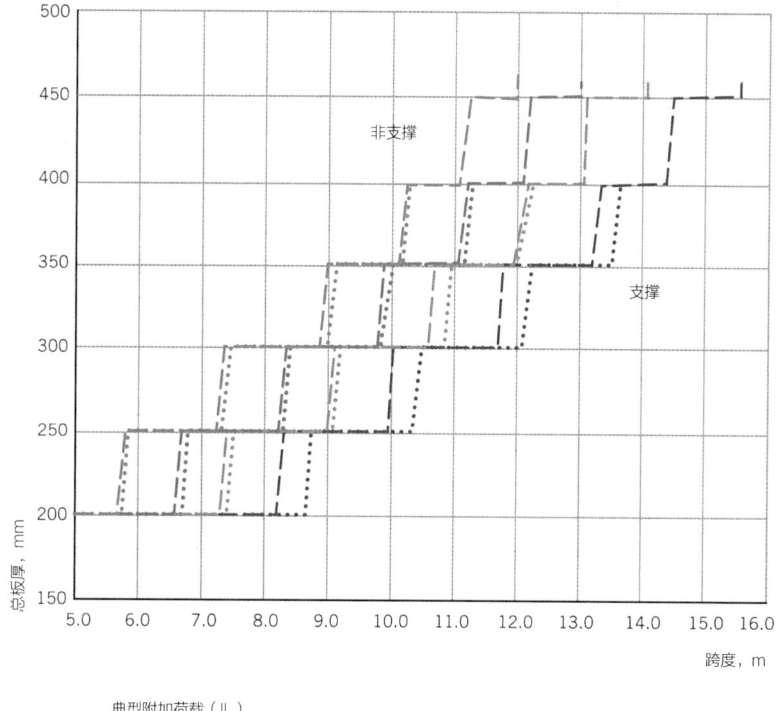

复合格构梁板

该系统使用较薄的预制楼板作为永久模板来形成混合楼板系统。浇筑到楼板中的是带有钢筋的格构梁。在施工现场，楼板首先被吊装到位，然后将现浇混凝土浇筑于其上，以形成混合结构。钢筋将楼板和现浇的面层连接起来，并增加了结构单元在运输过程中的坚固。可通过在格构梁之间加入聚苯乙烯空心模具（void former）或膨胀塑料球来减轻自重。这一系统将工厂控制的饰面和钢筋加固的构造结合起来，并简化了构件的运输过程。

主要优势

- 板底可暴露或简单处理
- 钢筋布置和表面工艺可在工厂环境下进行
- 空洞可减少自重
- 平面灵活，有利于隔墙和设备布置
- 板底平整，有助于自然采光

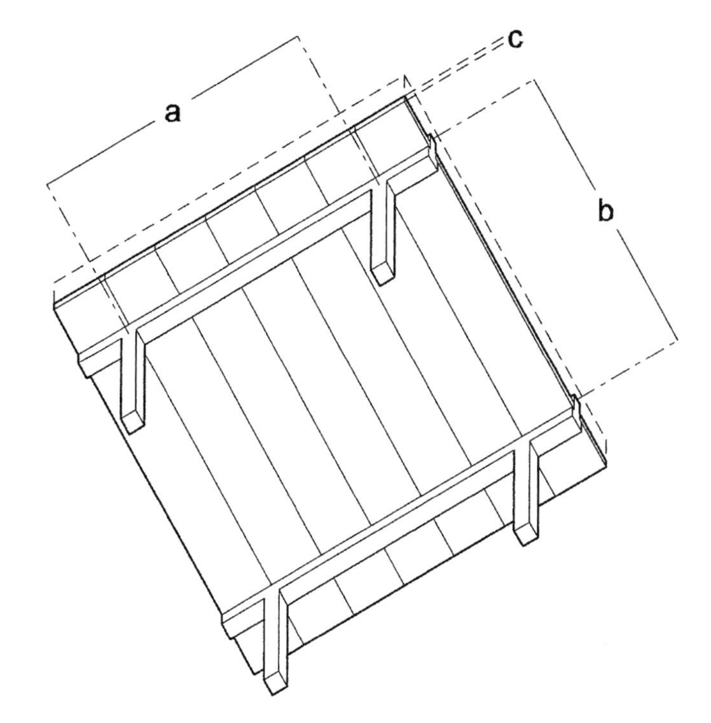

a=3000 mm ~ 9000 mm
b=3000 mm ~ 9000 mm
c>150 mm

格构梁预制板是在工厂环境下，由金属模具浇筑而成的，可以直接暴露或进行简单的表面处理。通常每个单元为1200 mm~2400 mm宽，不计算顶板的话厚度介于50 mm~100 mm之间。在现浇混凝土养护过程中，通常需要对预制构件进行支撑。下图为由福斯特事务所设计的More London项目的施工过程，正在将复合格构梁板吊装到位。

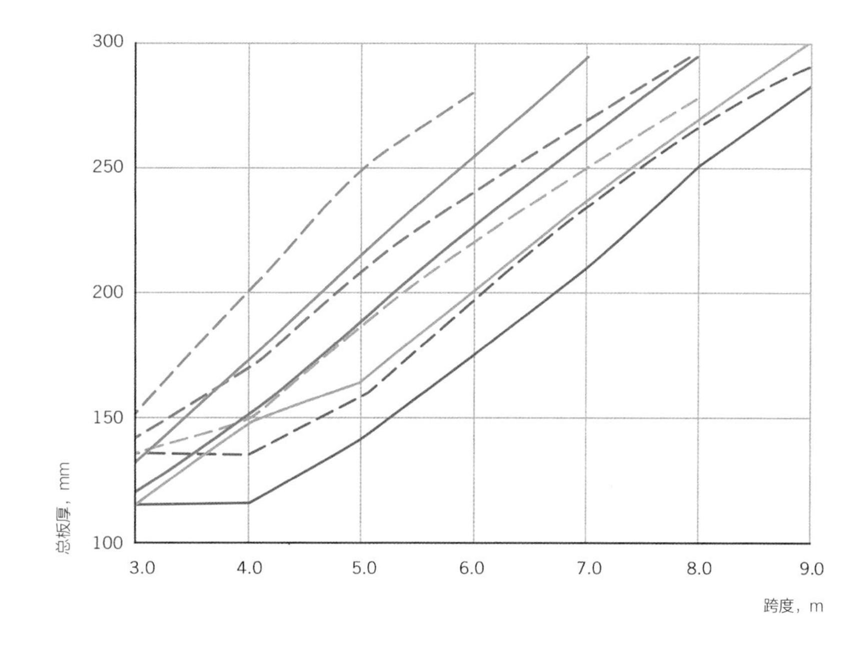

预制梁块

梁块体系由在中心插入的反向预制T形梁和其他加入的标准混凝土砌块组成，可使用带有空洞的混凝土块以减轻自重。板面随后设置砂浆层。板底通常不直接暴露，皮尔斯·高夫（Piers Gough）为伦敦珍妮特街码头（Janet Street Porter）住宅所做的设计则是一个鲜有的例外。

主要优势

- 易于开洞
- 空洞可减少自重
- 使用小型具有重复性的构件
- 即刻安全平台（immediately safe platform）

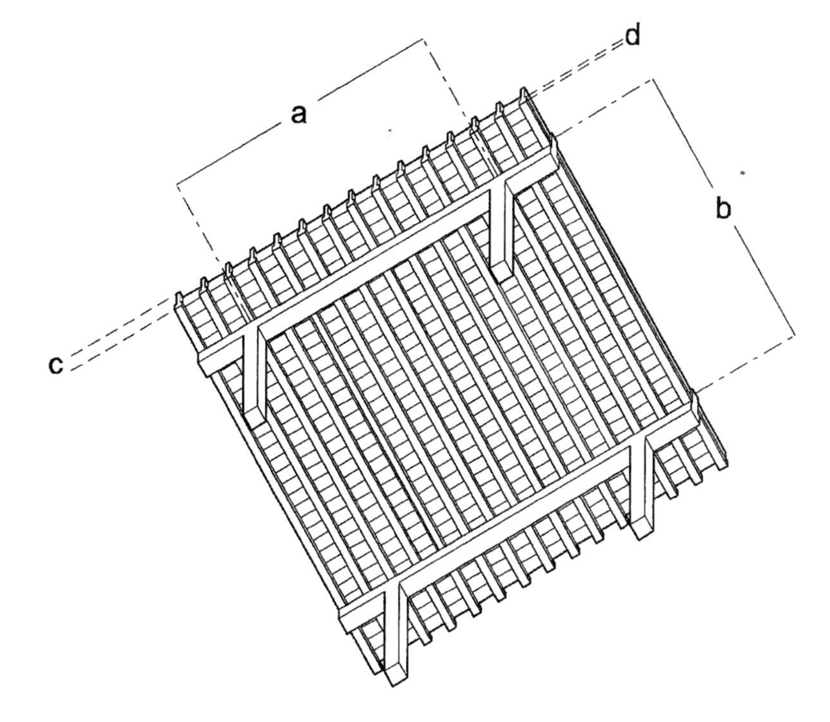

a=2000 mm ~ 8000 mm
b =2000 mm ~ 8000 mm
c=150 mm ~ 225 mm
d > 50 mm

伦敦珍妮特街码头住宅

每个砌块都由手工放置。放置到位后，通过在砌块上开洞或将某些砌块整块取出，在板上形成洞口，布置设备管线。民用建造中使用的典型板厚为200 mm，不包括砂浆层厚度。

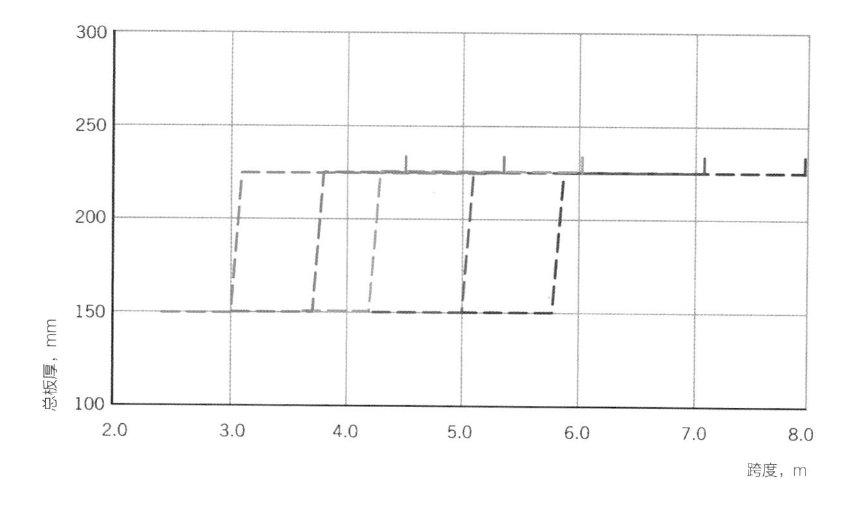

预制工字型梁

预制预应力工字型梁可用于大跨度和高荷载的情况，属于相对轻型的结构。构件在工厂环境下生产，经过预应力加工，以增加其跨度范围。运送到工地现场后吊装到位，通常有2400 mm、2000 mm、900 mm等不同宽度的规格，同时也可以根据具体结构柱网生产斜面或非标准尺寸的构件。构件本身可直接暴露，耐火极限为2小时。预制工字型梁所需楼板相对较轻，可满足大跨度需求，表面积大，有利于进行基于FES策略的热交换。

主要优势

- 可在工厂中施加预应力生产
- 承受荷载更大。
- 适于大跨度。
- 表面积大。
- 独特的顶面形状。

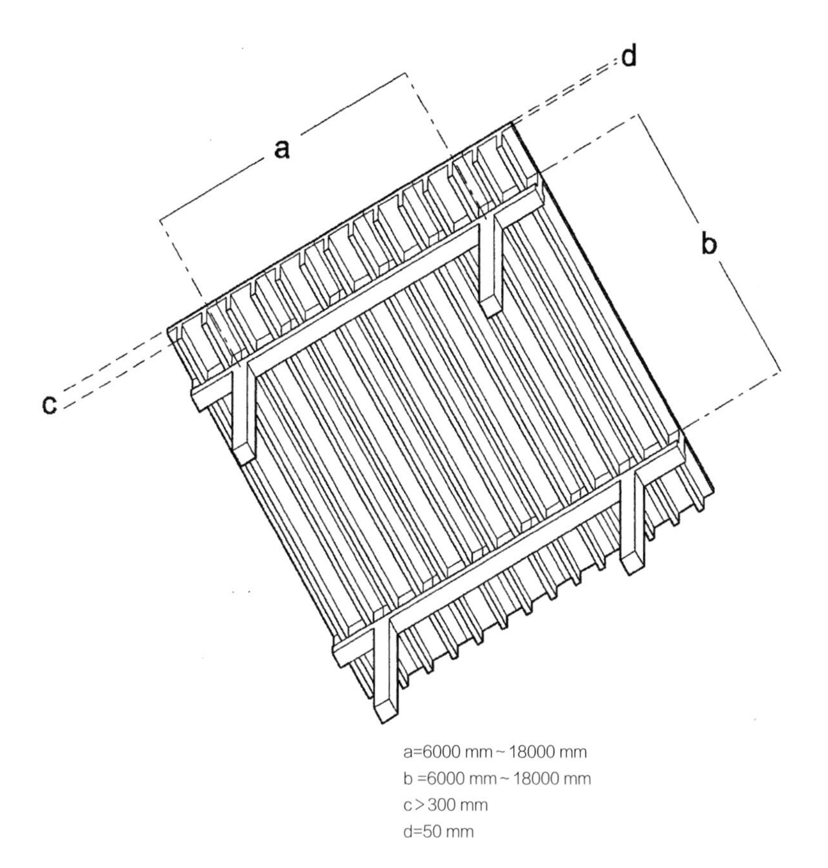

a=6000 mm ~ 18000 mm
b =6000 mm ~ 18000 mm
c > 300 mm
d=50 mm

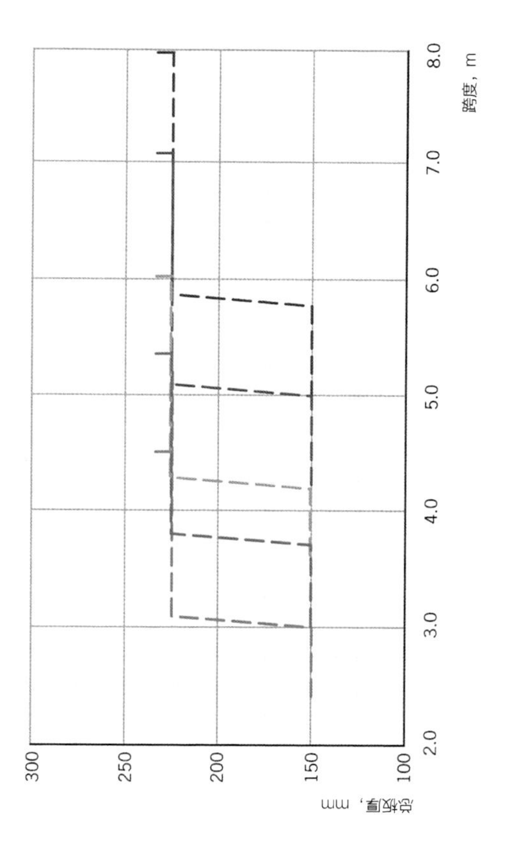
总板厚，mm
300
250
200
150
100
2.0
3.0
4.0
5.0
6.0
7.0
8.0
跨度，m
典型附加荷载（IL）
1.0 kN/m²
2.5 kN/m²
5.0 kN/m²
7.5 kN/m²
10.0 kN/m²
单跨无支撑

带顶板预制工字型梁

预制工字型梁一般用于大跨度、高荷载情况，顶板在现场浇筑，增加了构件的稳定性和可建造性，通常为厚75 mm钢筋混凝土面。预制工字型梁所需楼板相对较轻，可适应大跨度，可实现较高质量的外表面，因此底面通常直接暴露，表面积大，符合FES策略。运送到工地现场后吊装到位，通常有2400 mm、2000 mm、900 mm等不同宽度的规格，同时也可以根据具体结构柱网生产斜面或非标准尺寸的构件。板厚一般在375 mm~875 mm之间（详见下表）。在顶板混凝土硬化之前需要支撑。梁之间的凹槽可用于设置该方向的设备管线，但如何让管线顺着凹槽走可能会是个问题。和现浇肋板相比，预制工字型梁建造更快捷，也能提供较为安全的工作面。

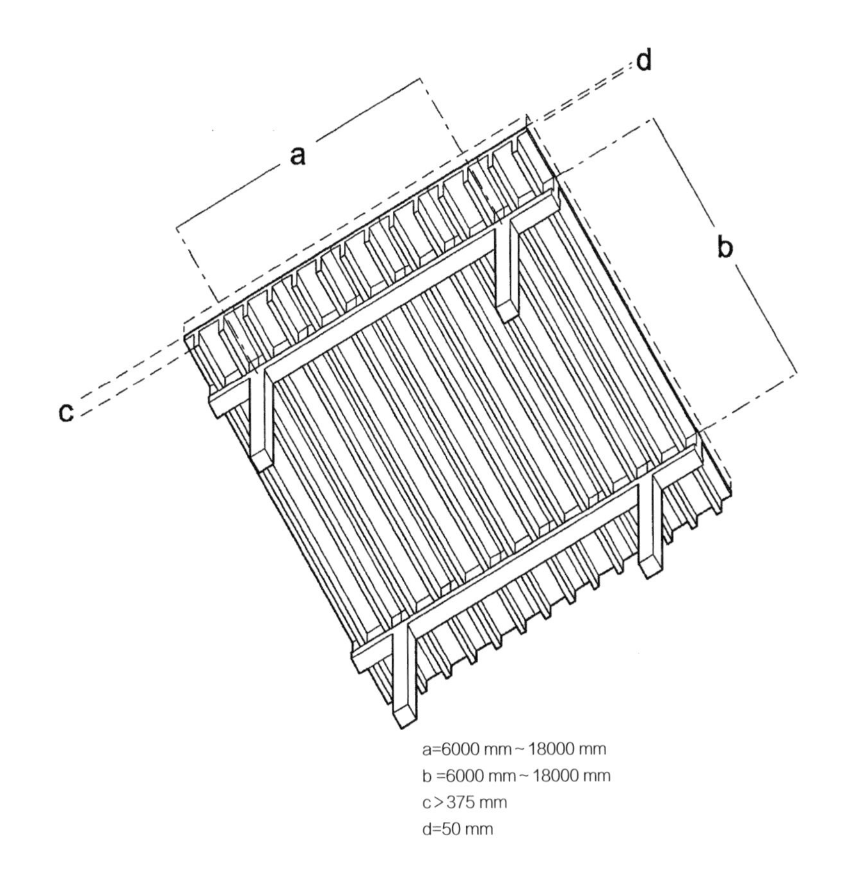

主要优势

- 适于大跨度
- 可承受较高荷载
- 可在工厂中施加预应力生产
- 独特的顶面形状
- 表面积大（FES）

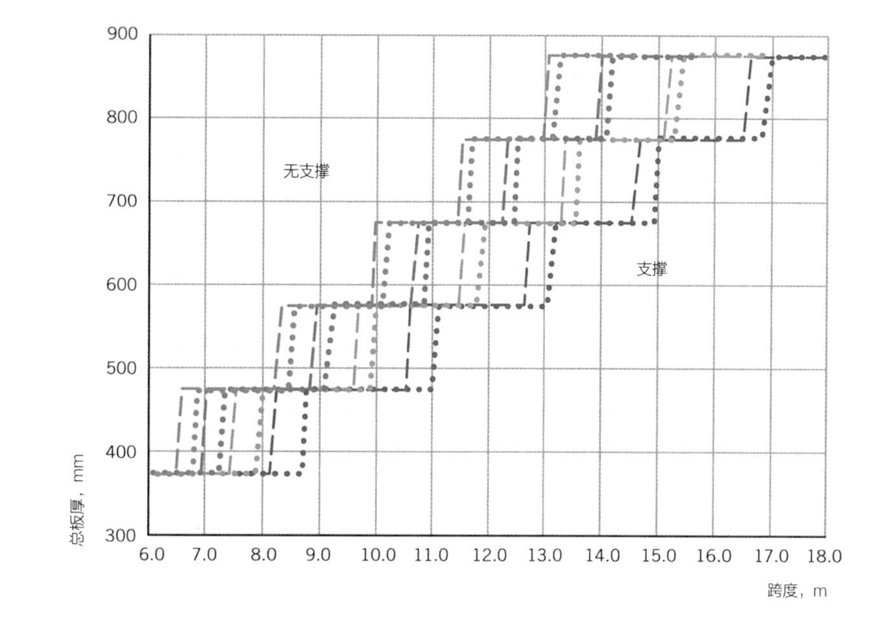

欲对混凝土框架作深入了解，包括梁、柱尺寸等信息，请参阅《经济混凝土原理欧洲规范2》（*Economic Concrete Elements to Eurocode 2*）。[6]

从普遍规律到特殊项目

关于混凝土框架的下一个部分将从普遍规律转为对特殊项目的介绍，以三个典型案例阐释混凝土对建筑的高水平追求所能具有的潜力。建筑的细节设计中的一个重要的问题，就是如何基于本项目的特殊细节要求，对普遍的选择进行引申和发展。重复使用同一个细部构造，也需要认真进行考虑，并将新项目的建筑意图融入其中。

约翰逊制蜡公司行政楼

受到自然界森林和树木的启发，弗兰克·劳埃德·赖特为位于威斯康星州拉辛（Racine）的约翰逊制蜡公司行政楼设计了这一独特的结构体系。建筑的主体空间是开放式的大型办公开间（Great Workroom），由规则排列的树状（dendriform）混凝土柱所主导。修长并逐渐向下收分的柱子，其底部直径仅有230 mm，坐落于钢制柱础上，看似不堪一击。赖特借鉴了植物学的表述，来形容柱子的三部分：茎、萼、瓣。在瓣的上方设置楼板，

图6.20　约翰逊制蜡公司行政楼的大型办公空间，1939年建成
建筑设计：弗兰克·劳埃德·赖特

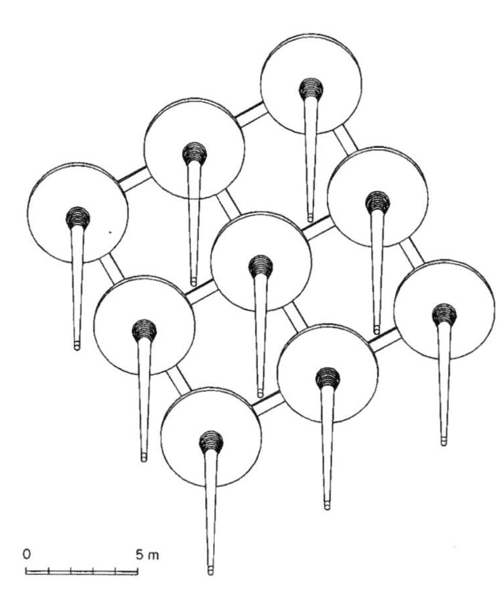

柱子尺寸

直径230 mm，竖向上以2.5° 的斜率逐渐变细。

柱子类型

现浇混凝土

柱网

6000 mm × 6000 mm

楼层数量

1（大型办公空间部分）

楼面荷载

自重，每根柱子承受36 m^2的屋顶重量

应对风荷载

柱顶的刚性节点

图6.21 约翰逊制蜡公司行政楼大型办公空间的结构布置

图6.22 弗兰克·劳埃德·赖特正在现场监督约翰逊制蜡公司行政楼典型混凝土柱的荷载测试

与柱子相连，并为其提供刚度；框架就如同一张桌子，在桌面和桌腿之间是刚性连接，但没有与地面固定。许多柱子都是中空的，外皮厚度甚至小于90 mm，由特殊的高强度混凝土制成，每根柱子的拌合料都是单独搅拌而成的，以避免骨料的沉积。同时值得注意的，是在大型办公开间中，每根柱子都只承受了相对较小的荷载，即小于40 m^2的屋顶重量和雪荷载。这也是确保其典雅造型的措施之一。

伦敦劳埃德银行

由理查德·罗杰斯建筑事务所的伦敦劳埃德银行，基于开放建筑的理念而设计，让建筑既能够有所变化，又适应科技的进步需求。因此，办公空间的楼板厚度均为1400 mm，每个楼板使用单元都设有两个设备空腔。比较难以更换的设备构件，如管线和电梯等，都放在建筑的外围，与办公环境脱开。室内空间专门设计了以1800 mm为网格的混凝土结构系统，来支撑需要大量设备服务的办公空间的楼板。480 mm高的混凝土梁组成的格网除了承受柱子之间的基本荷载，还可容纳出风口和照明灯具，并在办公空间上方设置了吊顶。灯具的金属面板便于拆卸，使人能够进入基本结构上方440 mm高的设备空腔内。空腔中设置了电气线路和出风管道，通过在建筑立面上排列的显眼的不锈钢管道，将污浊的空气排出建筑。设备空腔向各个方向连通，使得未来设备管线具有更多的灵活性。格网的节点处以混凝土桩台支撑100 mm厚的楼板，并承受板上家具和人的荷载。之所以能把楼板做得这么薄，是由于节点之间的跨度只有1800 mm。板上还有另一个设备空腔，可以畅通无阻地通往任何方向，其中设有电气、信息和通信设备，以及提供新鲜空气的进风管和空气加热系统（air-based space-heating system）。楼板采用架空地板，饰面为600 mm见方的板材。和顶棚一样，都可以随时拆卸，进入设备空腔。建筑结构为现浇混凝土和预制混凝土的混合结构，经过详尽的细部设计，能够形成完整统一的面层。柱子直径1100 mm，由钢模具现浇而成。柱子浇筑的节点隐藏于预制混凝土“轭”（yoke）内，同时也与预制预应力反U形梁连接到一起。预制梁之间的格网体系为现浇，但现场严密的质量控制使得暴露出来两种结构形式的楼板底面看上去毫无差别。纤薄的楼板则采用特制的钢模具浇筑，模具也同时成为楼板的永久模板存在。这栋建筑与罗杰斯早期和伦佐·皮亚诺合作的钢结构的蓬皮杜中心有着非常相似的地方。

图6.23　伦敦劳埃德银行，1986年建成
建筑设计：理查德·罗杰斯建筑事务所

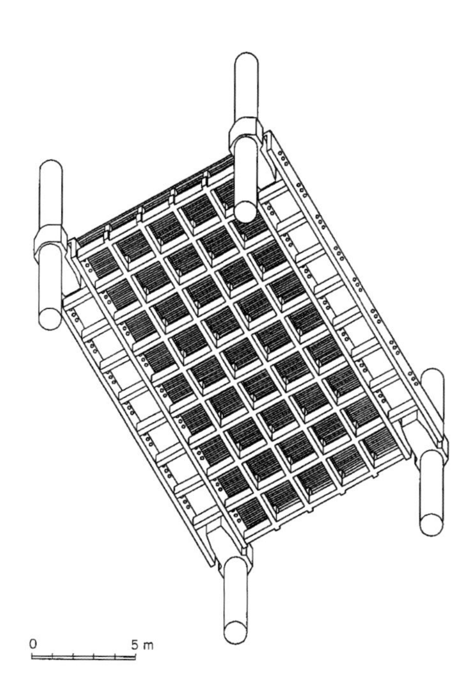

柱子尺寸

直径1100 mm

柱子类型

现浇混凝土，结合预制混凝土节点与楼板相连

柱网

18000 mm × 10800 mm

楼层数量

12

楼面荷载

较轻办公室用途，2.5 kN/m^2

应对风荷载

支撑

图6.24　伦敦劳埃德银行的柱子和楼板

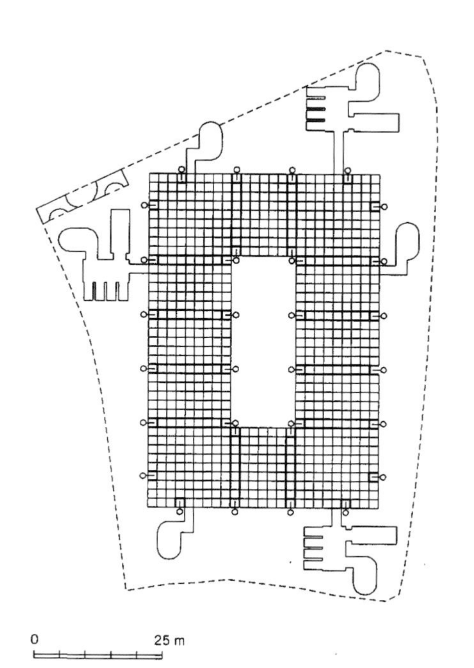

图6.25　伦敦劳埃德银行的典型平面

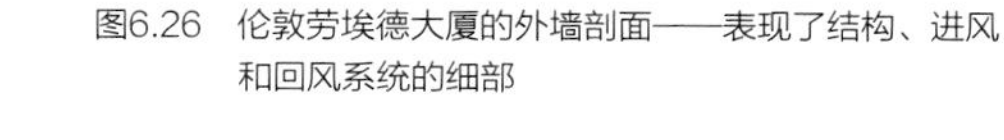

图6.26　伦敦劳埃德大厦的外墙剖面——表现了结构、进风和回风系统的细部

图6.27　Powergen运营总部的曲面混凝土板
建筑设计：贝内茨建筑师及合伙人事务所

Powergen运营总部

由贝内茨事务所设计的Powergen运营总部，位于英国沃里克郡，1995年建成，是英国首批将大规模混凝土框架作为FES环境策略组成的办公建筑之一。建筑由两翼围合中部的中庭空间，在开放办公区充分暴露混凝土顶棚，以利用混凝土的热质量。白天，结构吸收使用者和机械散发的热量。到了夜间高窗引入夜晚的冷空气，吸收结构中储存了一整天的热量。为了增加更多的混凝土顶面面积，楼板由特别定制的嵌板组成，其剖面为椭圆形弧形凹面。嵌板下悬挂照明反射板，将上部的混凝土表面照亮。反射板中还设有吸声材料，可以控制噪声。

建筑的两翼为开放空间，由直径为400 mm的圆形混凝土柱子支撑，柱网尺寸为10800 mm×7200 mm。交叉支撑设于独立的设备区，以减小柱子的直径。在每一个结构单元中，边梁设于柱网中间距较小的一侧，而较长的跨度10800 mm则被分为三个嵌板。嵌板由玻璃钢模具浇筑，采用挤压橡胶型材将模具的各部分连接起来，并用铝条连接平边。沿嵌板的长向布置的铝制节点，可以根据未来使用者变换室内功能所需而对玻璃进行划分。楼板所呈现的轻薄，是通过现浇后张预应力板实现，并增加了跨度的中心部分板厚来实现的。其轮廓的角度也是考虑如何增加房间中部的阳光反射而设计的。后张力措施也因避免可见裂缝而改善了顶面的外观。楼板涂刷为白色，以两层标准涂料来提高表面反射率，并将办公环境中的混凝土表面裸露出来。

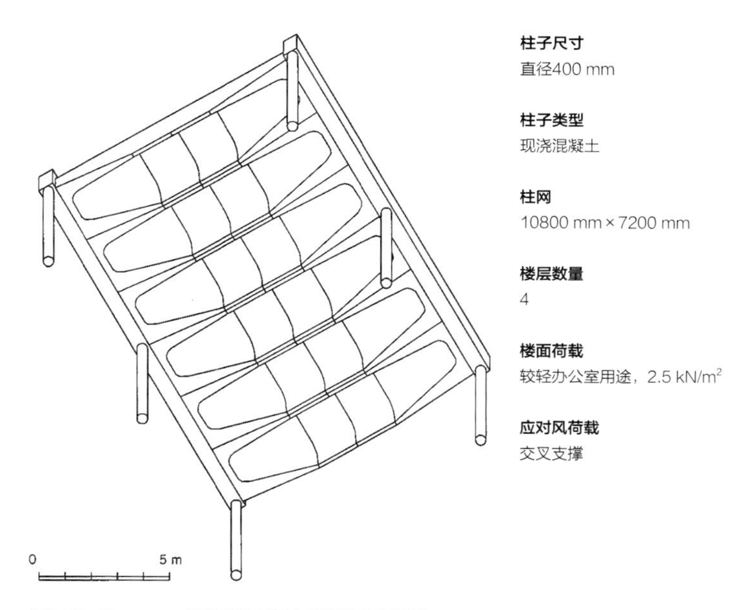

柱子尺寸
直径400 mm

柱子类型
现浇混凝土

柱网
10800 mm × 7200 mm

楼层数量
4

楼面荷载
较轻办公室用途，2.5 kN/m^2

应对风荷载
交叉支撑

图6.28 Powergen运营总部混凝土楼板的曲面顶棚

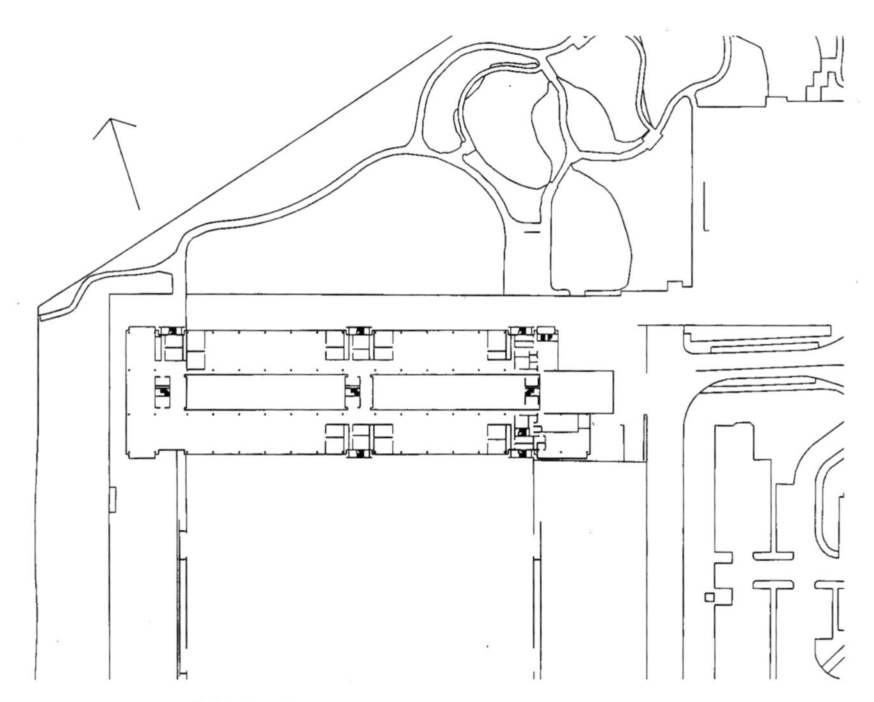

图6.29 Powergen运营总部典型楼层平面

图7.1　位于伦敦波特兰广场街的BBC广播公司扩建中，核心筒的整体混凝土墙体——注意设于其中的夹芯板，是为今后的墙和管道洞口预留的位置
建筑设计：MJP建筑师事务所

第7章 墙体+砌块

“我们应该注意到遭到忽视的建造工业，混凝土砌块，将其从脚下或沟渠中取出，寻找它迄今未被发掘的灵魂，让它成为美的鲜活表达，使它的肌理有如树木。我们所能做的是接受混凝土砌块，提炼它的精华，把它连接起来。”

弗兰克·劳埃德·赖特[1]

墙可以限定空间，并满足性能需求，其范围可以从最基本的遮蔽到复杂的多层复合形式。墙一般都是垂直的，只有到了某些当代建筑师的手中才有所不同。墙能够承担各种职责，从最平凡的，如BBC广播公司扩建（见图7.1）的核心筒，作为建成后几乎在室内不可见的构件，到呈现重要的文化意味，如诺丁汉当代艺术馆的预制混凝土外墙面层（见图4.63，表现了对蕾丝产业的纪念）。墙根据其结构功能可以分为：

- 承重墙；
- 非承重墙。

图7.2 弗兰克·劳埃德·赖特所画的“首个砌块住宅”，这是他为哈里·布朗的项目起的名字（热内斯科，伊利诺伊州，1906年）

墙体的一个特殊结构功能，是在坡地上面向自然土壤一侧时，作为挡土构件或者说挡土墙，这在本书第5章已进行过探讨。从结构上说，墙体可以独立使用；或采用整体浇筑，和楼板结合在一起；也可以作为框架结构的填充部分。室内墙体可以根据其在建筑整体结构系统中的角色，分为承重墙或非承重墙。非承重墙经常被用作室内空间分隔，为自承重构件，当然也要满足一些其他性能需求，如提供隔声和防火功能。

墙体的性能需求包括以下方面：

- 结构稳定性；
- 围合；
- 耐火；
- 调节气候；
- 绝热（保温）；
- 隔声；
- 抵御天气变化。

墙体各种功能的优先性随着各自特定的需求而变化。一面墙，可以是一个独立的多功能构件，也可以是多个单一功能构件的组合体。在某些情况下，整体浇筑的混凝土墙可以承担结构、热工、声学、调节气候和防火等各项功能。相对而言，也可以把功能分为复杂的多个层次：空心墙、保温空心墙、设有雨幕（rainscreen）的非承重保温空心墙，等等。

建造方式

墙体有四种主要的建造方式：整体式；砌筑式；框架式；膜或者说张拉表皮（stressed skin）。混凝土墙的结构主要为整体式或砌筑式，也有可能用到张拉表皮或框架式。

砌筑式

砌筑式是一种组合建造方式，由多种尺寸和类型的砌块组成，通常将砌块沿水平方向放置，相互之间以砂浆黏结。混凝土砌筑单元包括混凝土、轻型混凝土或加气混凝土，可以采用特殊骨料制造，提供多种多样的色彩和饰面效果。

整体式

整体式为连续浇筑，仅在必要的变形缝处断开的施工方式。如果采用正确的配比，整体式混凝土能够起到防止渗水的作用。由于水会顺着混凝土表面向下流淌，需要在所有开口处采取防水措施，让水离开这一潜在薄弱点。由于整体构件有一定的伸缩率（expansion and contraction），因此需要对移动的原因和程度有所了解，要考虑到构件是否处于稳定的热环境中，混凝土构件的尺寸，以及结构细部的具体情况。不论从细节着手还是放眼全局，都需要认真考虑——将细部认真考虑清楚，比把它直接藏起来更能解决问题。

框架法

混凝土可用于建造现浇或预制的框架结构。框架的稳定性由交叉支撑或剪力墙提供，具体见第6章关于混凝土框架结构的详细说明。

张拉表皮

混凝土的可塑性使其非常适合建造壳体结构，其刚性来自于张拉表皮的曲线形式（更为详细的信息将在第8章“纤薄和形式”中介绍）。

平浇立墙建造

这是一种特殊的整体浇筑混凝土墙体的方法，首先在地面上浇筑墙体，然后将其竖直提起，安装到位。因此称之为“平浇立墙建造”（tilt-up construction）。图7.3 ~ 图7.5显示了在住宅的施工中如何运用平浇立墙法。这座采用平浇立墙的住宅位于美国加利福尼亚州威尼斯，是Syndesis公司的大卫·赫兹设计的自宅。内部暴露门式钢架，两侧外包厚150 mm的清水表面白色混凝土板。面层的主要构件在现场浇筑，并垂直吊装到位。由于现场条件有限，因此选择了平浇立墙建造方式。构件单元的浇筑方式类似楼板，采用水平形式，周边设置模板，随后提升至垂直方向。单元尺寸的宽度为3.5 m~4 m。

平浇立墙建造确保能够成功浇筑整体混凝土墙，在截面上能允许拌合料有所变化，朝向外侧的混凝土可以更为密实和防水，而另一侧朝向室内的，则可以使用保温骨料。

图7.3　建设中的平浇立墙住宅
建筑设计：Syndesis公司的大卫·赫兹（David Hevtz）

图7.4　平浇立墙住宅

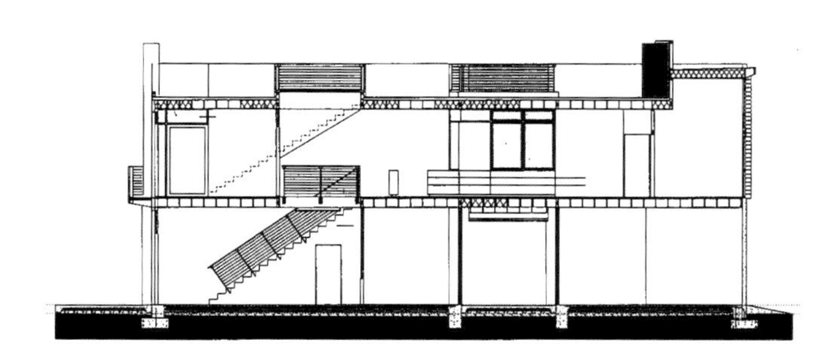

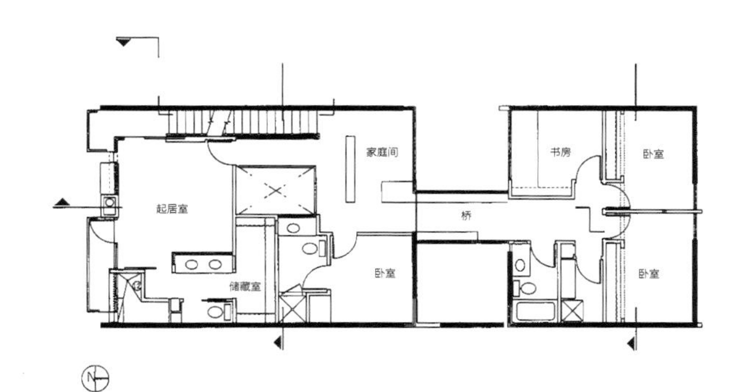

图7.5　平浇立墙住宅：长向剖面和首层平面

图7.6　彼得·卒姆托设计的柯伦巴艺术博物馆（Kolumba Art Museum）取消了变形缝，因为使用了地热供应的地板采暖，使楼板和空调所在的博物馆空间保持恒温。

变形缝

现浇混凝土的热膨胀系数通常在8～12 $\times 10^{-6}$/℃的范围内。当设计整体钢筋混凝土结构时，结构连续性要通过使用预留钢筋，将日工作缝或冷接缝连接起来而实现。混凝土在养护会有所收缩，在承受荷载时则会产生蠕变，现浇混凝土结构这方面的变化很明显，因而需要通过变形缝来减少随温度变化、收缩、沉降和蠕变产生的影响。对于钢筋混凝土框架结构，通常每50 m需要设置至少25 mm的变形缝。同时需要结合饰面，在变形缝的位置设置面层。根据《BS 6073-1：1981预制混凝土砌筑单元（Precast Concrete Masonry Units）》测算，加气混凝土砌块的热膨胀系数为8×10^{-6}/℃，干燥收缩系数为0.09%。作为指导手册，本书没有必要具体介绍砌块内墙的变形缝，除了墙的长度大于高度3倍以上的情况。特殊的外墙面层和内垫层，如瓷砖，会影响变形缝的使用。完整的墙体设计需要从整体上进行，将墙体需要的所有性能指标都考虑进去。

结构稳定性

所有结构都需要考虑建筑物受到的风荷载对结构稳定性的影响。对于大型框架结构有两种主要方法：在每个立面端部单元添加交叉支撑，或是在结构中加入刚性核心筒和剪力墙。理查德·罗杰斯设计的伦敦劳埃德银行，就是充分展示交叉支撑对于稳定性的作用的例子；而MVRDV设计的西罗达姆公寓（Silodam housing），则在整体码头基座上使用了混凝土桁架作为转换结构，使其得以矗立于阿姆斯特丹港的水面之上。很多办公建筑都通过其现浇

图7.7　布拉加体育场（Braga Stadium），2003年建成
建筑设计：Souta de Moura Arquitectos

混凝土核心筒来实现稳定，核心筒可容纳电梯，并为消防逃生楼梯提供防火分隔想让结构实现稳定，也可以使用剪力墙，很多体育场采取了这一方法，如布拉加体育场（见图7.7；建筑设计为Souta de Moura Arquitectos，工程设计为AF Associados），以及伊普斯威奇市波特曼路球场新建的北侧看台（建筑设计为HOK体育部，工程设计为Jan Bobrowski and Partners）。在新建北侧看台由于项目条件和紧张工期所限，采用了预制剪力墙。14面剪力墙高11 m、宽3 m，基本按照7.6 m的间距排列。每面墙支撑着下层排列的看台台阶，并在结构顶部的上层看台和屋面处挑出工字钢梁。如欲了解该项目更多信息，可参阅《混凝土季刊》2003年冬季刊（*Concrete Quarterly, Winter* 2003）。[2]

砌块

砌块与砖不同，需要两只手才能拿起来。典型的混凝土砌块为215 mm高，400 mm或620 mm长，厚度则有一个变化范围，从60 mm到355 mm。考虑到结构的稳固性，混凝土砌块的砌筑需要采用错缝搭接。如果在通缝的砂浆中加入不锈钢网片作为配筋，砌块也可以对缝的方式砌筑。混凝土砌块是一类发展非常完备的建筑构件，其尺寸可以与其他各种相关材料相匹配，例如混凝土砌块的大小就被制造成能与砌砖工序相匹配的尺寸，外表面尺寸为65 mm × 215 mm，符合典型的空心墙构造的尺寸要求。制造预制混凝土门楣，其尺寸也应与砌块相匹配，以减少工地上的浪费和切割。

建筑实践小组Team 4于1963年成立，由理查德·罗杰斯和他的第一任妻子

图7.8 通往维恩溪宅（Creek Vean）入口的台阶
建筑设计：Team 4

苏·罗杰斯、诺曼·福斯特和他的第一任妻子温迪共同组成。他们为苏·罗杰斯的父母马库斯·布伦韦尔和蕾妮·布伦韦尔建造了一所住宅——维恩溪宅，作为两位老人退休后的居所。项目于1966年建成，相对低技的做法与Team 4后来的项目大相径庭。线性的平面沿两条层叠于山坡上观赏皮尔溪（Pill Creek）和法尔溪口（Fal estuary）的轴线展开，用于放置业主的现代艺术收藏。设计通过使用种植屋面和台阶，将清水混凝土砌块墙融入陡峭的山坡之中，但墙体实际上是独立的，建筑以一座小桥与道路相连。当地政府要求所有外墙都必须进行粉刷，但他们仍然坚持室内外均为清水砌块，顶棚和地板也是清水混凝土。室内家具，如主卧室的床，同样由钢筋混凝土浇筑而成。该住宅已被列为英国遗产（English Heritage）第11级。

虽然其建造形式非常简单，但诺曼·福斯特和理查德·罗杰斯在三年漫长的施工过程中都表现出挫折的情绪，他们希望把这个项目作为重新思考其建造方式的契机。值得注意的是，尽管如此，混凝土和混凝土砌块仍然是他们项目的关键部分。

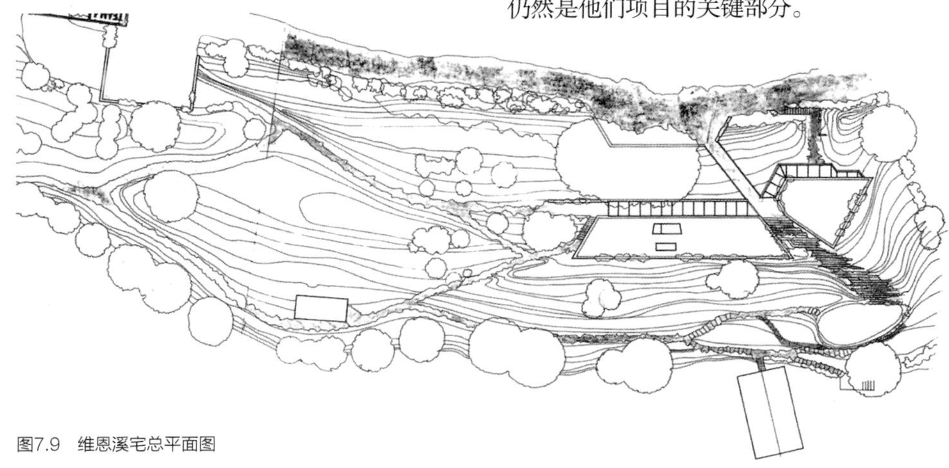

图7.9 维恩溪宅总平面图

图7.10 维恩溪宅

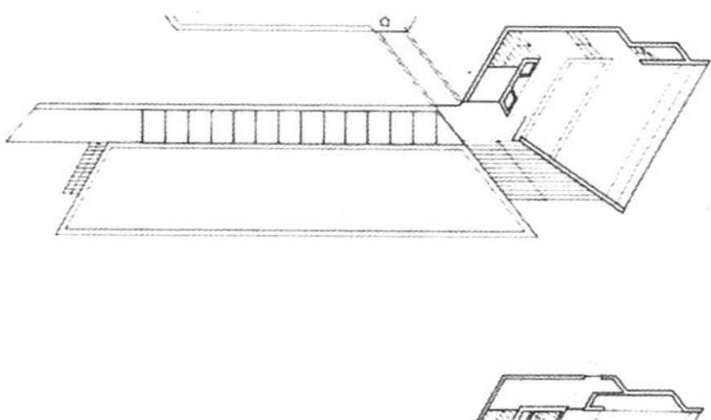

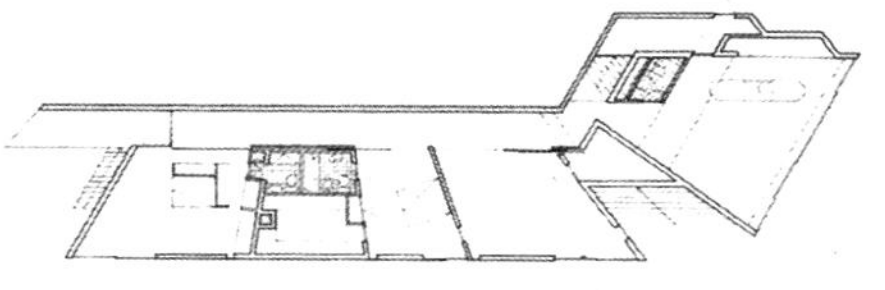

图7.11 维恩溪宅平面

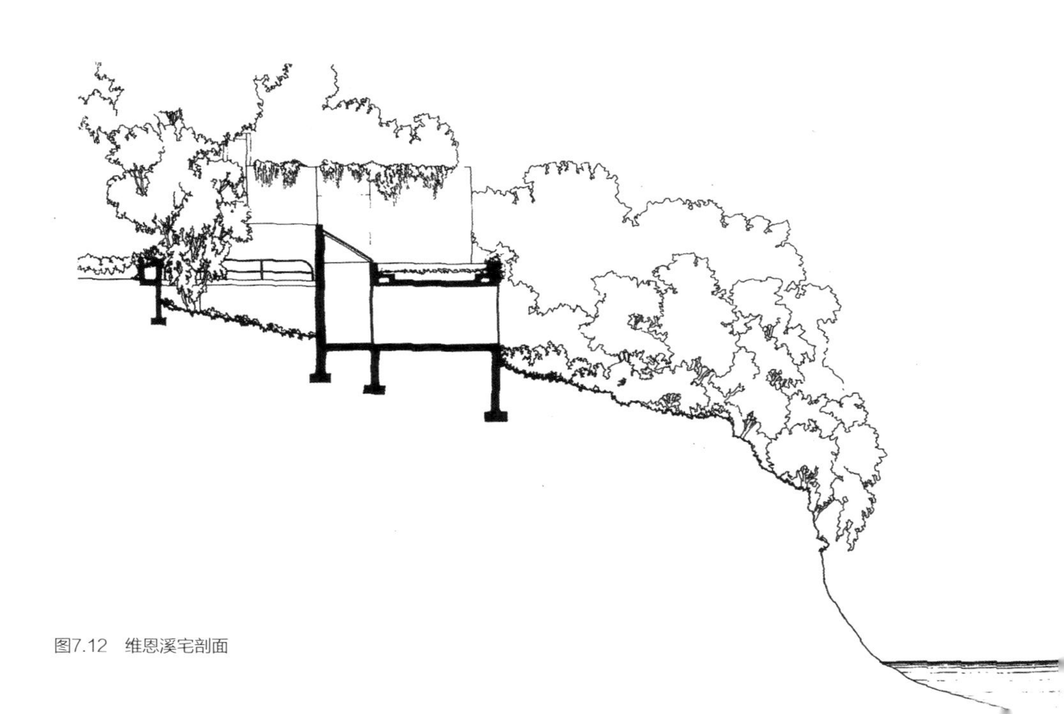

图7.12 维恩溪宅剖面

图7.13 比希尔中心办公楼（Centraal Beheer Office building）
建筑设计：赫尔曼·赫茨伯格（Herman Hertz-berger）

图7.14 比希尔中心的中庭

由赫尔曼·赫茨伯格设计的比希尔中心办公楼，于1972年建成，以其清水砌块和清水混凝土使用方式而闻名。赫茨伯格的目标是使用看似谦卑、粗糙的建筑材料，去营造一个友好而开放的建筑。阿努尔夫·吕辛格（Arnulf Lüchinger）在《赫尔曼·赫茨伯格：建筑和作品》（*Herman Hertzberger: Buildings and Projects*）一书中，这样审视项目背后的思考：

"其理念……在于建筑应该作为一种栖居地，由大量平等的空间单元组成，就像许多岛屿联系在一起。这些空间单元组成了基本的建筑体块；它们相对较小，可以容纳不同的程序组件（或者说'功能'），因其维度、形式、空间组织都是基于这样的目的而设计的。这些单元因而是多价的（polyvalent）……

办公楼的基本需求在大体上应足够简单，但有必要适应种种复杂的任务。组织内部一直在持续地发生变化，因而需要频繁调整不同部门的规模。建筑必须能够协调这些内部的力量，而建筑作为一个整体也必须在各个时期持续应对各方面的需求。"[3]

模块化的清水混凝土砌块是建筑的物质化表现，也是建筑内在的表现手法。在20世纪70年代及以后，清水砌块因其经济性和粗犷的效果得到频繁应用，可惜并非所有的建筑师都具备高超的技艺。

图7.15 比希尔中心中庭旁的会议空间

福斯特事务所设计的伦敦斯坦斯特德机场，其地下室墙体采用了对缝砌筑的砌块。砌块经过特殊加工，设有凹槽（即砌块顶面处理为锯齿状折面），来确保砌块以同样的方向砌筑，并因而在墙体上形成了均匀而持续的肌理，即使这里并不是机场的公共部分。

图7.16 比希尔中心，1972年完工

隔声

英国建筑规范获准文件E（英格兰及威尔士）《隔绝声通道》[Approved Decument E of the Building Regulations（English and Wales）- *Resistance to the Passage of Sound*]，对住宅和公寓建筑的分户墙、楼板等建筑构件的性能提出隔声要求。对隔声的主要要求如下：

• 构筑物中的构件可以吸收声能；

• 建造的连续性——墙上的小洞会形成声通道，因而不利于构筑物的隔声性能；

• 各分层的共鸣频率，并以空腔相互隔绝。

混凝土承担了联排住宅中分户墙隔声中的主要任务。建筑规范获准文件E，简称为E部分，确定了避免关键建筑构件声通道的需求。文件根据建筑规范提出了两种在建筑建成后进行现场声音测试的方法，或是根据《Robust Details手册》（*The Robust Details Handbook*）[4]，采用robust details（英国建筑隔声保障体系——译者注）细部设计，这些细部设计经过测试，其隔声效果比E部分文件的要求更高，至少能降低5 dB。

如欲了解更多关于隔声的详细信息，请见《如何实现砌体房屋的声学性能》（How to Achieve Acoustic Performance in Masonry Homes）[5]和《Robust Details手册》[6]。

建成住房和楼层之间可检测到的隔声最小数值

表7.1

	空气隔声[1] $D_{nT,w}+C_{tr}$	撞击隔声[2] $L'_{nT,w}$
墙	45 dB	
楼板和楼梯	45 dB	62 dB

注：

1. 对于空气隔声性能，数值越高表明隔声效果越好
2. 对于撞击隔声性能，数值越低表明隔声效果越好

用于居住的房间中可检测到的隔声最小数值

表7.2

	空气隔声[1] $D_{nT,w}+C_{tr}$	撞击隔声[2] $L'_{nT,w}$
墙	43 dB[3]	
楼板和楼梯	45 dB	62 dB

注：

1. 对于空气隔声性能，数值越高表明隔声效果越好
2. 对于撞击隔声性能，数值越低表明隔声效果越好
3. 数值略小于住宅和公寓允许的二级隔声等级

使用1类骨料（由Cemex授权）生产的混凝土砌块建造的墙体的耐火时间　表7.3

	单层墙		空心墙	
	承重墙	非承重墙	承重墙	非承重墙
实心				
90 mm	1小时	2小时（3小时）	1小时	6小时
100 mm	2小时	2小时（3小时）	6小时	6小时
140 mm	2小时	4小时（4小时）	6小时	6小时
190 mm	2小时	4小时（6小时）	6小时	6小时
215 mm	2小时	6小时（6小时）	6小时	6小时
多孔/中空				
100 mm	2小时	2小时（2小时）	4小时	6小时
140 mm	2小时	3小时（4小时）	4小时	6小时
190 mm	2小时	4小时（6小时）	4小时	6小时
215 mm	2小时	4小时（6小时）	4小时	6小时
轻质墙1400				
100 mm	2小时	2小时（4小时）	6小时	6小时
140 mm	3小时	4小时（4小时）	6小时	6小时
轻质墙1100				
100 mm	2小时	2小时（4小时）	6小时	6小时
140 mm	3小时	4小时（4小时）	6小时	6小时

注：最小规模特指BS8110设定的规模。相当于墙体饰面为厚度大于13 mm的水泥砂浆或石膏砂浆（不论是否添加石灰）抹灰层或是在某一墙体两侧均有粉刷

耐火和隔火

混凝土自身是不可燃的，表面火焰蔓延（surface spread of flame）等级为O级。表7.3列出了使用1类骨料生产的混凝土砌块建造的墙体的防火等级。该表显示，根据《BS EN 1992（1–2部分）：结构防火设计》（BS EN 1992（Part 1–2）：*Structural Fire Design*），混凝土建筑能够具备4小时防火等级。现浇混凝土的最小防火等级范围则由《BS8110–1：1997 混凝土结构使用》（BS8110–1：1997 *Structural use of concrete*）规定。

石灰大麻混凝土

石灰大麻混凝土是一种能满足产生CO_2少，并将CO_2储存于构造中的需求的建造形式。目前已经在法国得到了普遍推广，而在英国则主要用作砌块填充物。奥克特·菲茨罗伊·罗宾逊建筑事务所和利斯特·比尔工程事务所在位于萨福克郡索思沃尔德（Southwold）的埃德纳姆啤酒厂配送仓库项目中，使用了由石灰大麻混凝土砌块研发而成的Limecrete来砌筑墙体。外墙厚为500 mm，石灰大麻混凝土砌块面向室内一侧直接暴露，外墙则以砖砌或石灰抹面作为室外面层。用石灰大麻混凝土进行建造能够获得良好的热工性能，其U值较低，同时也具有一定的热质量。更多关于混凝土良好热工性能的详细信息，将在第10章关于可持续性的叙述中介绍。

图7.17　埃德纳姆啤酒厂（Adnam's Brewery）配送仓库
建筑设计：奥克特·菲茨罗伊·罗宾逊建筑事务所（Aukett Fitzroy Robinson Architects）和利斯特·比尔工程事务所（Lister Beare Engineers）

图7.18 埃德纳姆啤酒厂配送仓库的石灰大麻混凝土砌块墙

图8.1　圣索菲亚大教堂（Hagia Sophia），公元532～537年建于君士坦丁堡的教堂

第8章 纤薄+形式

“实体，张拉表皮和纤细的构件，组成了建筑适用于自然和人类的三个基本元素。石头、蛋壳或是树干也都同样可以归为这些元素，就像埃及金字塔、索菲亚大教堂的穹顶和埃菲尔铁塔一样。”

弗雷德·安格尔（Fred Angerer）[1]

所有的建筑结构都需要抵御附加荷载，以及结构自身的净重（dead weight）。确定结构形式是设计过程的首要步骤，结构形成的基本元素包括：

- 实体——以砌筑建造为代表；
- 张拉表皮——如壳体或穹顶；
- 如骨骼般的纤细构件——梁、柱等组成框架结构的基本形式。

建筑物的实体元素在三个维度上的尺度都差不多，以一块石头或一块混凝土为代表。表面结构则有两个主导维度：长度和宽度，而第三个维度，即我们所说的结构的厚度，则通常远远小于前两者，一般是三者中最小的维度。混凝土平板楼板是一个很好的例子。纤细的构件以线性维度为主导，如柱子和梁。建筑很少只遵循一种建造原则，通常会将这些形式结合起来运用。

弗朗兹·哈特（Franz Hart）在《建筑师需要了解的建筑施工》（*Hochbau konstrktion für Architekten*）一书中，以下文阐述了这一结构分类方式：

“实体和框架结构的不同之处在于，不再是两种不同的建筑材料，而应该是两种在根本上有所区别的建造方式。实体结构依靠沉重而匀质的墙体支撑，其中的压力是均匀分布的。在框架结构……轻盈框架中的抗弯构件将力传递到单一元素中去……从实体向框架再向板发展的过程，不仅涉及建造方法，也和每个建筑元素以及建筑有关：从石砌墙体，到钢筋混凝土板，再到轻型混凝土板；从原木墙到木框架中的木构件；从实心拱到肋拱再到混凝土壳体；从单向钢筋板到T形梁和肋板；从实心木板门到框架和填充门再到胶合板门。建筑美学形成了两个对立面——厚重的结构（也即构件结构或墙体结构）以及框架结构——所有的建造方法都可以在两者之中找到合适的位置。如果在坚固的实体和高耸的框架这两种类型之外，再增加第三种类型即张拉表皮的话，那么很多不能被归纳到前面两种类型中而显得与众不同的结构，也就都能有所归属了。”[2]

我们已经了解过框架（第6章）和墙体（第7章）的情况，本章将聚焦于表面结构及其经济性，并将结合该方面了解建筑物如何通过混凝土的建造表现出典雅之美。

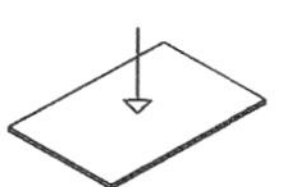

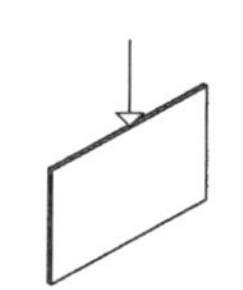

表面结构

混凝土非常适于用作表面结构；可塑性使其在未干前容易形成复杂的曲线，直接满足结构和空间的需求。因此，从这方面考虑，混凝土具有非常强的灵活性，各种形式由模板的建造限制条件所决定。经济性则由形式的衍生模式和模板铺装或装配方式决定。混凝土表面结构的形式是空间/结构因素及其建造方式综合形成的结果，需要从单体和整体结构两方面进行考虑。

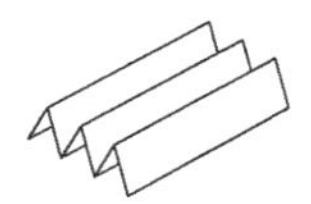

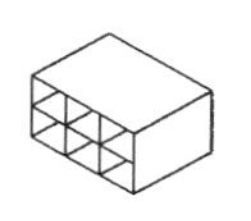

图8.2　基本结构类型

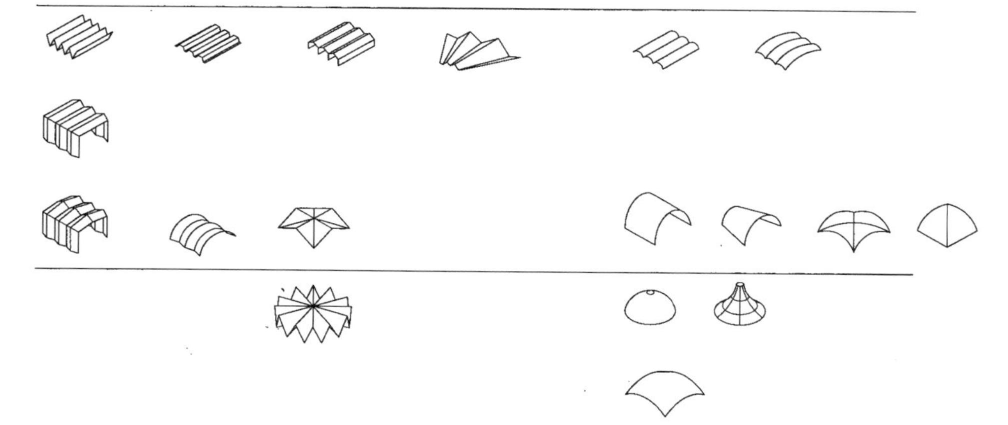

图8.3　基本表面结构类型，根据安格尔所绘

表面结构将全部或大部分受力分布于其表面。纤薄的表皮可以控制面内的受力；但无法承受垂直于表面的弯曲力。因此，要让表面结构受力，必须使其有合适的形状。最为简单的表面结构就是折板结构。用一张柔软的纸，通过折叠形成简单的突起和凹槽就可以折成纸飞机，这样的例子可以充分展现板通过折叠形成的刚度。张拉表皮结构可以根据其几何形态进行归类——基本类型为可展曲面（developable surface）、折壳（shell-folded）和平板（plate）（图8.2）；或者也可以根据其承重方式分类——分为梁、门式刚架（portal frame）和拱。

穹顶

穹顶是最早的大跨度结构形式。由罗马皇帝哈德良建于公元126年的万神庙，覆盖着一个跨度为43 m的轻质混凝土穹顶。5个世纪后，它被改造为一处教堂。位于君士坦丁堡的圣索菲亚大教堂，建于公元532～537年，其中央的穹顶跨度为30.5 m。19世纪混凝土被再度发现后，马克斯·伯格才有可能在1913年为布鲁塞尔博览会设计了百年厅（Jahrhunderthalle）直径65 m的穹顶。这一有肋穹顶从巨大的拱生发而成。对于一些研究现代主义运动的历史学家来说。伯格的穹顶因其新古典元素而显得不够清晰。

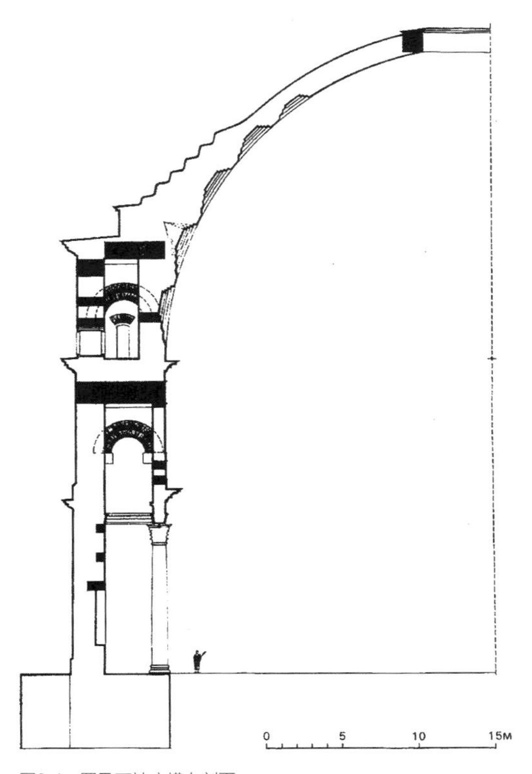

图8.4 罗马万神庙横向剖面

图8.5 罗马万神庙带有凹格的混凝土穹顶，公元126年建成

图8.6　阳光呈现出万神庙带凹格穹顶“质朴”的混凝土

图8.7　波兰布雷斯劳［Breslau，现为弗洛茨瓦夫（Wroclaw）］的百年厅，摄于2008年
建筑设计：马克斯·伯格（Max Berg）

图8.8　百年厅的带肋钢筋混凝土穹顶结构

图8.9　百年厅带有标志性的混凝土

折板

折板结构承受的荷载是沿平面方向传递的，而不像楼板那样承受垂直荷载。因此跨度相应与折叠的高度有关，也使得板本身的厚度得以减到最小。由于表面是水平的，折板结构的模板搭建普遍比双曲面壳体的要简单。而双曲面壳体的几何复杂程度也可以通过施工中将其视为直线或规则曲面而尽量降低，正如勒·柯布西耶设计的朗香教堂中所做的处理。最为简单的曲面应该是可展曲面，可以通过平板形成，不需要切或折。

薄壳

壳体的全部刚度都来自于其表面，就可以被称为“单体壳结构”（monocoque structure）。Monocoque是法语中“单个壳体”（single shell）的意思。如果一个壳体结构有加强刚度的肋，就变成了半单体壳（semi-monocoque）结构。

图8.11　鸡蛋是单体壳

建造薄壳穹顶

建造混凝土穹顶最基本的方式，可能就是用土堆出一个穹顶的形状，然后在其表面上直接浇筑混凝土梁，通常只需要手工操作，并且以手工方式抹平表面。一旦混凝土成型，就可以把泥土挖掉，只留下一个完整的混凝土外壳。穹顶建筑更好的建造方式，是使用木脚手架或拱架（centring）。人们认为，万神庙的建造就是使用了石砌和木质的同心环，上置拱架，并在其上浇筑混凝土。

图8.10　海事俱乐部（Club Náutico），古巴（1953）——摄于2006年
建筑设计：麦斯·博尔赫斯-雷西奥（Max Borges-Recio）

利用充气模板建造混凝土壳体结构是一种简单且成本不高的方法，充气模板由三角形或梯形的织物单元构成，相互之间通过焊接或缝合相连。华莱士·内夫（Wallace Neff）于1941年首先采用这种方法设计和建造混凝土壳体，是最早进行这类混凝土壳体尝试的建筑师之一。建造首先将充气形体捆绑于环形的混凝土基础之上，然后使其膨胀，并设有双层气密门可供人进入充气形体。根据混凝土是浇筑于模板单侧还是两侧的情况不同，完工后既可将充气模板拆下经过调整进行再利用，也可以留在原地不动。

1967年，但丁·比尼（Dante Bini）借助一种略微有些不同的架设技术，利用充气模板建造了混凝土壳体。他在哥伦比亚大学尝试用充气模板，在不到2个小时的时间里完成了一个15 m高的混凝土壳体：首先在混凝土基座之上放置钢弹簧网（web of steel springs），装配完成后从其顶部浇筑混凝土。随后使充气结构膨胀，使得混凝土中所有不规则部分都因膨胀突出而变得光滑。采用这种方法，要确保结构稳定的话，需要使用纤维增强混凝土（fibre reinforced concrete），并在混凝土养护完成后再添加保温层。使用纤维增强混凝土的好处在于避免了钢筋的绑扎，而这是施工过程中最为耗时的环节。

有限元分析的出现，促进了壳体结构和其他复杂几何形式结构的设计，因其能确定结构内的应力及刚性势（potential stiffness）。尽管目前有限元分析已广泛应用于其他领域，但最初是为要解决民用工程和航天工程中刚度和结构性能等方面的复杂问题而开发出来的；实质上，有限元分析程序包是为偏微分方程（partial differential equation）和积分方程（integral equation）找到近似解。通过使用数字几何模型能够探索合适的结构形式，包括在一定形式范围内按照选定的限制条件进行参数建模。这些过程都可以应用于结构优化及了解结构行为——最佳结构形式不一定是纯粹的或欧式几何的（Euclidian），也不一定就是有意为之的（willful geometry）。

尤恩·伍重

悉尼歌剧院

尤恩·伍重对于20世纪建筑充满创造力和感性的杰出贡献，对纤薄和形式的探索产生了重大影响。肯尼斯·弗兰普顿（Kenneth Frampton）在《建构文化研究》（*Studies in Tectonic Culture*）一书中谈道：

“和赖特一样，伍重对结构形式的关注程度在建筑师中很少有人能够或者愿意做到。建筑师通常在大跨度问题上求助于结构工程师，很少想到将折板结构的大跨能力作为建筑固有表现性的基础。我这里指的不仅是悉尼歌剧院对预应力钢筋混凝土壳体结构的运用，而且也包括那些后张式大跨度预应力钢筋混凝土折板屋盖的设计。”[3]

图8.12 悉尼歌剧院
建筑设计：尤恩·伍重
工程设计：奥维·奥雅纳

图8.13 悉尼歌剧院的预制混凝土壳体正被树立于其混凝土基座之上

图8.14 施工中的悉尼歌剧院预制混凝土壳体

弗兰普顿在《建构文化研究》中对悉尼歌剧院壳体结构的几何形式发展，以及这一形式是如何从形式到建成的过程，进行了颇有感染力的阐述：

“在随后近四年的时间里，伍重都未能找到解决壳体屋顶几何结构的方法，直到一个偶然的机会，他发现用预制混凝土模块形成曲率不同的拱肋片段或许是一个不错的办法。”[4]

壳体的可生成形式“通过从球面上切割而来的三边形拼接而成，从一个实体生成有规律的弧面”，就像从一个圆形的橙子上切下来的片段。[5]

奥维·奥雅纳将悉尼歌剧院的结构称为结构上少见的实例，因为在这里“最好的建筑形式与最好的结构形式并不一致。”[6] 伍重拒绝了奥雅纳的建议，不愿将

图8.15　在悉尼歌剧院预制混凝土肋外覆盖已贴好瓷砖的预制混凝土外壳

壳体建造成钢肋与预制表皮相结合的混合结构。壳体的形式也没有像已经分析的那样，如奥雅纳所说“用兔耳形象取代帆船形象将是毁灭性的。”[7]伍重以一个直径75 m的球面作为几何形式的原型，确定了整个歌剧院的建造。

悉尼歌剧院外覆瑞典赫加奈斯（Höganäs）公司生产的米白色瓷砖。伍重坚持这些瓷砖必须放置于预制模具的表面。他相信只有通过预制，才能实现他所需要的精确程度。他悉心观察人眼的敏锐程度是否能够在市民的角度上发现屋顶表面的不完美。正是由于选择了这些瓷砖，使得悉尼歌剧院得以折射出悉尼港的光线和天气变化。

基座作为帆形壳体屋顶的基础，同时也形成了巨大而无柱的入口空间。这一空间由现浇混凝土折板结构实现，跨度至少为50 m。弗兰普顿写道：“随着有效弯矩自下而上地从正值向负值转变，结构混凝土的断面形状也发生改变。折板的折角与室外大台阶坡度相一致，在一定程度上发挥了拱桥的作用。”[8]

悉尼歌剧院的故事是一个悲伤的传说，建筑师遭到客户恶劣的对待。虽然在1957年当之无愧地赢得了国际竞赛，实际上伍重直到2009年去世时都从未亲眼看到过项目建成后的样子。尽管他的设计已经被公认为悉尼乃至澳大利亚的视觉象征。这又联系到了1961年就去世的埃罗·沙里宁——时年仅51岁。沙里宁的建成项目与伍重的建筑有非常强烈的契合感。他在悉尼歌剧院的方案评审中扮演了至关重要的角色，有些甚至已经演绎为建筑界的民间

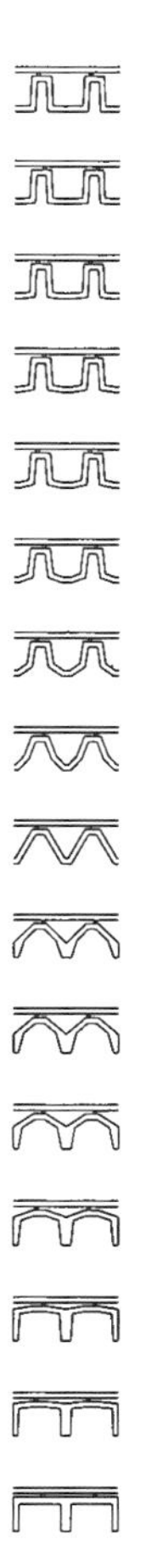

图8.16　悉尼歌剧院的结构基座

传说——沙里宁挑出了伍重方案中的两张透视，而这两张图足以让方案最终获胜。正如安东尼奥·罗曼（Antonio Román）指出的："两位建筑师作品之间的密切联系进一步强化了沙里宁在选择伍重的过程中的重要作用。"[9]

巴格斯韦德教堂——细部之趣

巴格斯韦德教堂（Bagsvaerd Church）

图8.17　巴格斯韦德教堂，摄于2009年——注意那些已经成熟的银桦树（Silver Birch tree），是在1977年项目建成后种植的

建筑设计：尤恩·伍重

图8.18 伍重对人体能碰触到的位置特别留意并会着重强调，巴格斯韦德教堂走廊中这些现浇混凝土墙端部所设的半圆形瓷砖贴面充分表现出这一点

图8.19 教堂的交通流线由平面中的“厚墙”（即走道）组织起来，顶部为威卢克斯工业玻璃天窗

图8.20 巴格斯韦德教堂自完成（self-finished）现浇混凝土框架中的气孔

尽管建成于1977年，但它在当今的建筑环境下仍堪称散发着诗意。它将简单的工业构件与参数化生成的几何形状结合起来。只有预制混凝土外墙板上的釉面砖在暗示内部如云朵般起伏的屋顶。伍重将壳体想

象为天国（celestial sky）纷乱景象中的云朵，正如弗兰普顿注意到的："巴格斯韦德的拱顶具有一种巴洛克式的氛围，特别体现在其调整光线的方式上。"[10] 拱顶的形式由一系列室内和室外的圆形发展而来，平面为院落布局平面，拱顶在中殿上方沿其宽度延展，跨度18 m，为带有横向模板纹理的混凝土壳体。独立存在的防水屋面呈现为波浪状的外壳，加上工业化的玻璃窗，共同组成了整个构筑物。

交通流线经由厚墙划分的平面组织起来，走道顶部设有简单的工业玻璃窗，并将现浇混凝土框架中300 mm粗的方柱暴露出来。这也是建筑唯一没有粉刷的混凝土构件——那种好似"刚刚完工"的品质，连混凝土上的气孔看起来都好像还没有被触摸过。但伍重其实乐于人们接触混凝土，走廊里混凝土墙所覆盖的蓝色瓷砖就是一例——"这里是手会碰到的地方。"[11]

教堂的室外看上去像一座简单的工业或是农业建筑，但室内却如同光与影的盛宴，将哥本哈根郊外阳光与气候的变化尽数展现出来。伍重将拱顶形式作为空间表现的单纯手段；这并非当代建筑中常见的自我指涉（self-referential）式的获取形式的方式。在巴格斯韦德教堂中，伍重欣喜于细部的营造，展示出他对应用建构方式协调空间中的光线的深刻理解。弗兰普顿赞赏伍重"对预制工艺的掌控使得他能够对模数生产系统进行充分挖掘，将其作为灵感来源，而非创作的限制。"[12]

约翰·伍重在谈话中曾提到"这是一个非常简单而直接的建筑，赋予房屋本身一种整体的感觉。"[13] 接着，他这样形容拱顶："由于采用喷射筑模法（injection moulded），混凝土显得非常细腻，如同自然界的精致的石材。这一技术使教堂获得了一种美感——最简单，也最经济——这些圆柱形体都非常坚固，因而只需要12 cm ~ 13 cm厚。"[14] 跨度17 m的拱顶，跨越了厚重墙体围合的院子。

图8.21 带有横向模板纹理的喷射混凝土拱顶形成的"云朵"，覆盖于巴格斯韦德教堂的中殿之上

纤薄

奥维·奥雅纳在伦敦摄政公园企鹅池（1934）中所做的螺旋坡道的工程设计，展现了钢筋混凝土能够实现多么纤细而优雅的结构形式。然而在这方面，混凝土也有其限制条件，即拌合料所能达到的强度和配筋需要混凝土面层具备足够厚度。为了形成更大跨度的结构，从经济角度出发使用更少的材料，以及具备更为优雅的姿态，这些需求使得纤维增强混凝土发展起立。纤维的范围从抗碱玻璃到高分子聚合物，再到钢铁等等。通过超高强度混凝土和使用钢纤维，本书第2章所介绍的CRC和Ductal等断面非常坚硬而纤薄的材料才得以实现。

图8.22

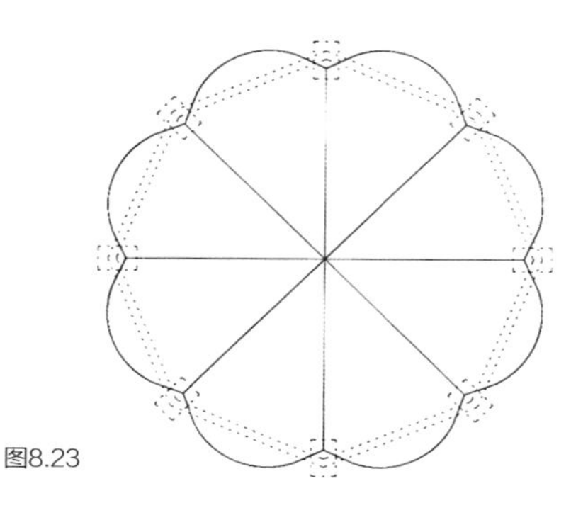

图8.23

玻璃纤维增强水泥

玻璃纤维增强水泥（glass-fibre reinforced cement，简称GRC）兴起于20世纪60年代，是一种复合材料，将耐碱的玻璃纤维与砂子和水泥结合到一起。玻璃纤维能够为复合材料提供抗拉强度，由于不需要钢筋，使得生产出的构件能够更为轻薄。GRC面层通常厚度为6 mm ~ 18 mm。GRC的制作分为两种过程：喷洒（spraying）或预混合（premixing）。喷洒GRC经常用于较大的构件，如墙面板，因为其纤维含量要达到5% ~ 6%，所以比预混合（纤维含量限制在3% ~ 3.5%）的构件强度要高，含水量也比预混合的要低。玻璃纤维必须具备耐碱性，否则水泥就会腐蚀纤维，使构件丧失结构整体性。

为1977年的园艺节建造的斯图加特花卉馆，由工程师约格·施莱希和汉斯·卢斯及合伙人建筑事务所设计。其GRC壳体结构平均厚度为15 mm，每一分段的重量只有2500 kg，均可直接吊装到位。壳体由现场现浇GRC制成。

图8.22 斯图加特花卉馆（Stuttgart Flower Hall）GRC壳体

建筑设计：汉斯·卢斯及合伙人建筑事务所（Hans Luz and Partners）

工程设计：约格·施莱希（Jörg Schlaich）

图8.23 斯图加特花卉馆平面图

图8.24 斯图加特花卉馆的GRC壳体，位于模板上，正准备起吊

图8.25 波谷细部，展示了两个现浇GRC模块的结合处

图8.26 一个模块正在吊装到位

图8.27 建成后的斯图加特花卉馆

图8.24

图8.26

图8.25

图8.27

建筑、城市设计与研究工作室（Chora）的白瑞华（Raoul Bun schoten）和伦敦城市大学的学生一起，在伦敦东部的荷马顿（Homerton）设计了一个亭子，其顶棚为GRC材料。设计由一个刚性的自由形体结构作为遮蔽物，半单体壳内部的空腔成为亭子实现环境性能的有效组成部分。为了验证这些理念，伦敦城市大学二年级的学生在作者的指导下首先制作了一个1/4大小的GRC模型。在制作顶棚模型之前，学生们对GRC拌合料进行了扩展性实验。

图8.28 半单体壳凉亭1/4大小的GRC模型，由伦敦城市大学二年级学生制作

图8.29　环球石油产品公司（Universal Oil Products）厂房
由皮亚诺和罗杰斯事务所设计

图8.30　环球石油产品公司厂房——建设中

位于萨里郡塔德沃斯（Tadworth）的环球石油产品公司厂房，由皮亚诺和罗杰斯设计，1973年建成。其外立面覆盖橙绿色（lime green）的GRC墙板系统。理查德·罗杰斯这样写道："预制结构，地板和大块的墙板系统使得基本围护结构在短时间内实现完全防水的效果，并让装修和设备安装工作都能在有围护的环境下进行……运用玻璃纤维增强水泥面板系统的，增加了建筑的绝热值，从而提高可持续性，并降低了建筑的运行成本。"[15] GRC墙板系统中的门由克里斯·威尔金森（Chris Wilkinson）设计，采用上弦门的形式，以减少对立面视觉效果的影响。

马德里比利亚韦德的EMV楼，由大卫·奇普菲尔德事务所设计，外覆与楼层等高，厚20 mm ~ 25 mm的粉棕色GRC单元构件。这类有色GRC构件只需以一种拌合料，就可以在制作过程形成色彩范围的多种变化。建筑师经过尝试，终于实现了这种类似铁锈色的效果。

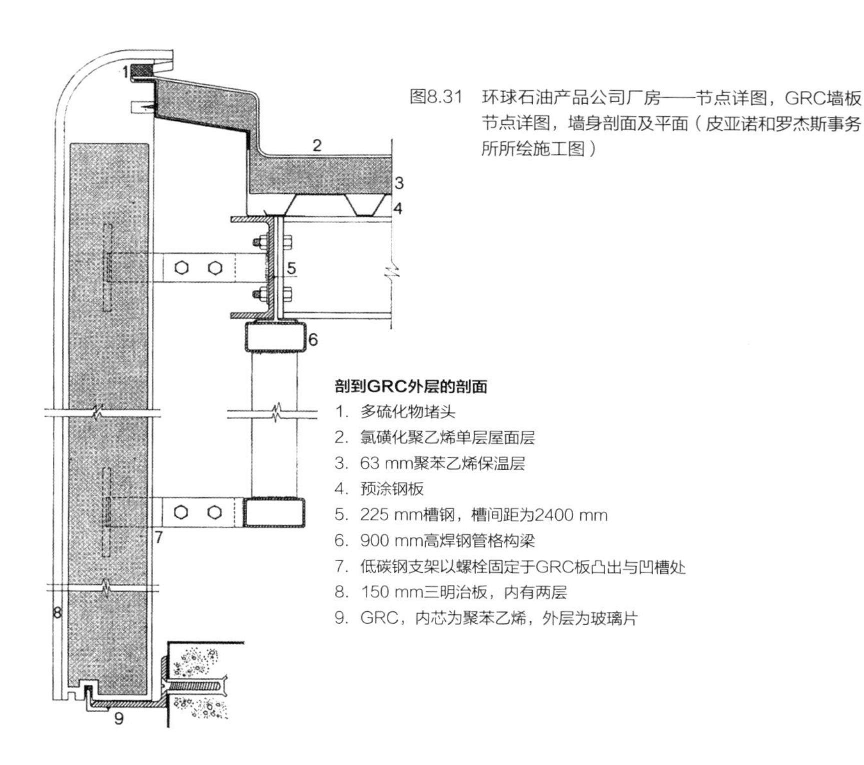

图8.31　环球石油产品公司厂房——节点详图，GRC墙板节点详图，墙身剖面及平面（皮亚诺和罗杰斯事务所所绘施工图）

剖到GRC外层的剖面

1. 多硫化物堵头
2. 氯磺化聚乙烯单层屋面层
3. 63 mm聚苯乙烯保温层
4. 预涂钢板
5. 225 mm槽钢，槽间距为2400 mm
6. 900 mm高焊钢管格构梁
7. 低碳钢支架以螺栓固定于GRC板凸出与凹槽处
8. 150 mm三明治板，内有两层
9. GRC，内芯为聚苯乙烯，外层为玻璃片

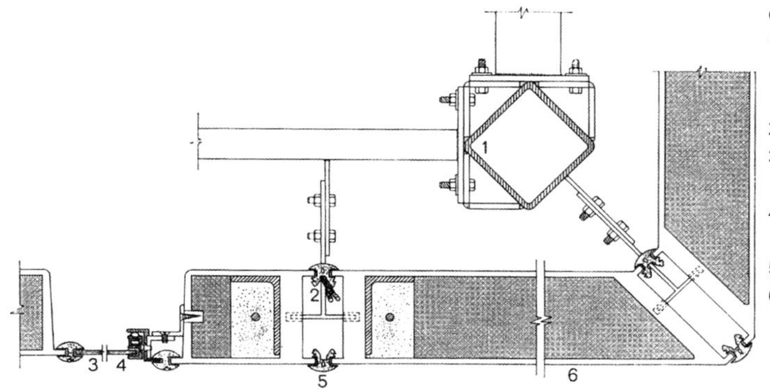

GRC外层平面

1. 152 mm截面方形钢管柱，转为对角状，便于将175 mm端部为平板的梁固定于套管上
2. 电线布线通路
3. 6 mm浮法玻璃，以GRC板端部封边
4. 阳极氧化水平铝旋开窗支承，以氯丁橡胶压缩垫圈密闭
5. 氯丁橡胶摩擦固定，隔绝内外
6. GRC三明治板

图8.32　马德里比利亚韦德EMV楼（EMV Housing at Viuaverde, Madrid），2005年建成

建筑设计：大卫 · 奇普菲尔德事务所

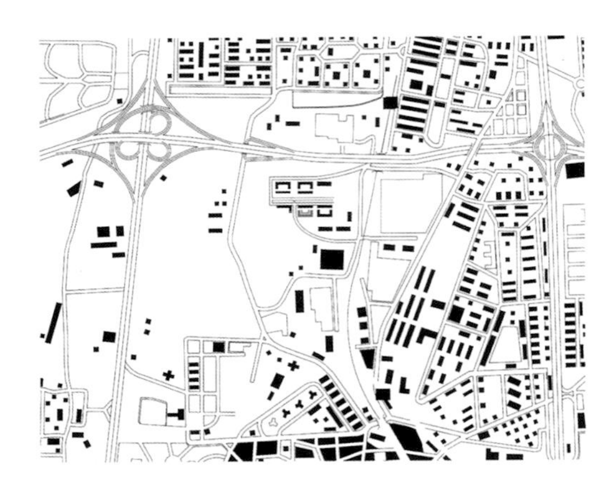

图8.34　EMV楼在比利亚韦德的位置

图8.33　EMV楼GRC墙板

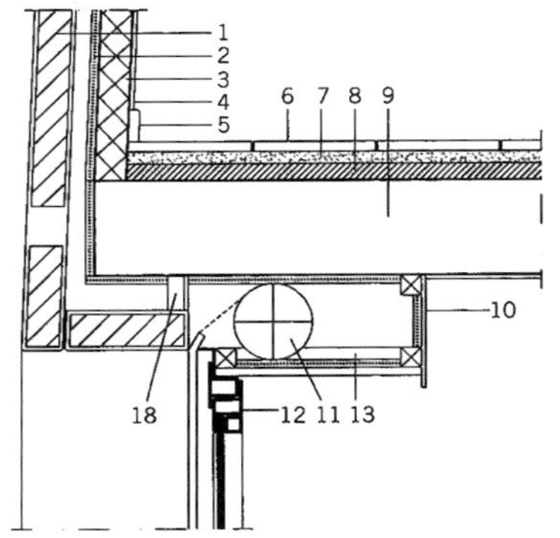

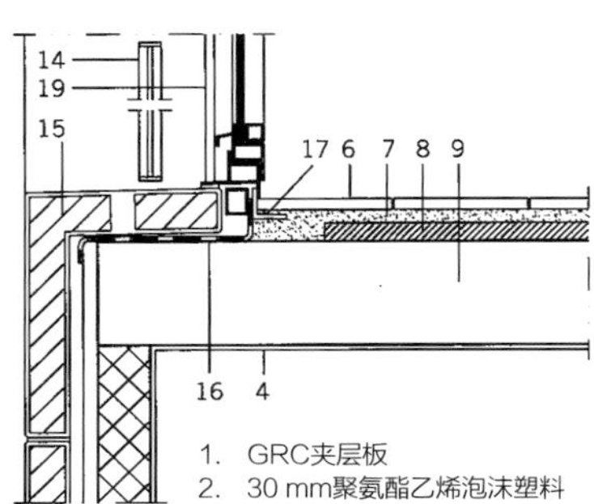

1. GRC夹层板
2. 30 mm聚氨酯乙烯泡沫塑料
3. 砌块
4. 抹灰
5. 踢脚
6. 地砖
7. 30 mm砂浆层
8. 40 mm砂子垫层
9. 钢筋混凝土板
10. 窗过梁
11. 百叶窗盒
12. 双层玻璃铝制窗框
13. 保温层
14. 栏杆
15. GRC门槛和窗台
16. PVC防水卷材
17. 等边钢角（mild steel angle）
18. 保温石膏板
19. 百叶窗操纵杆

图8.35　EMV楼GRC墙板墙身剖面

织物增强混凝土

织物增强混凝土是从纤维强化水泥发展而来，采用网眼纺织品而非短切丝纤维（chop strand）。织物增强混凝土的胶凝性更强，其最大粒径为1 mm，并加入自密实添加剂确保纤维周边的砂浆的固结性（consolidation）。纤维可以包括：

- 耐碱玻璃（alkaline resistant glass）;
- 碳纤维
- 芳纶（aramide）;
- 聚丙烯。

哈特维希·施耐德（HartwigSchneider），亚琛工业大学（RTWH Aachen）结构及设计教授，设计并建造了一个薄板拱（图8.36～8.37）作为展示纤维混凝土潜力的实例。该薄板拱通过螺栓将重复的菱形单元连接到一起。

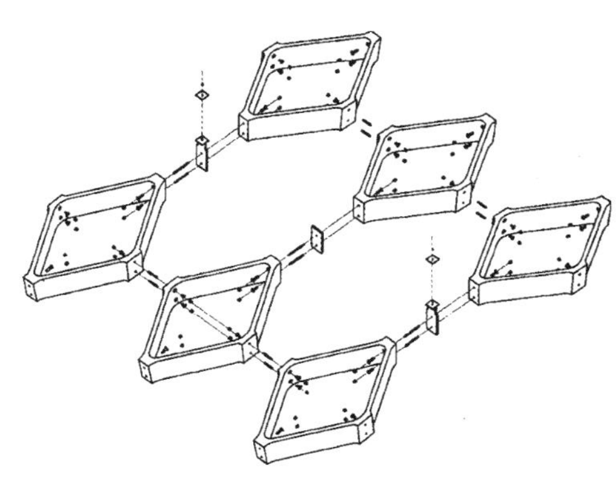

图8.36　薄板拱的预制织物构件

图8.37　由预制织物混凝土构件组成的薄板拱；中间的图片表现了闭合的模具中的织物增强筋

图9.1　Fukubu堂
建筑设计：安藤忠雄

第9章　细部

"我尝试去考虑材料和形式之间，形体和人的生活之间的密切关系。"

安藤忠雄[1]

清水混凝土的细节和整体上的建筑表达有着直接的联系。这种联系并非束缚，本书中的案例将展示各种由此产生的多样变化。

边缘细节

混凝土之美的基本来源，在于其可塑性。尽管几乎拥有无限的可能，但就像所有的技术一样，混凝土的浇筑也有其局限性和限制条件。模板必须易于拆除，或是预制构件必须能够从模具中取出。因此，现浇混凝土的细部必须反映模板拆除程序，而预制混凝土则应有针对构件脱模的指导措施，需要考虑到拆除时的拔模角（draft angle），通常不能使用底切（undercut）方式。混凝土及其边缘能做到多么精致？其限制条件是骨料的尺寸，以及浇筑的混凝土表面是否要被去除。根据《欧洲标准2指导意见：混凝土结构设计（BS EN 1992-1-1：2004）》[*Guidance in Eurocode 2：Design of Concrete Structures*（BS EN 1992-1-1：2004）]的建议，可采用标准25 mm的斜切边细部，更适合于骨料的配置。如果要做90º的转角，就有可能遇到因石块位于转角处而造成骨料暴露的问题。因此，骨料的尺寸越小，转角就

图9.2　丘尔宅（House in Chur）
建筑设计：帕特里克·加特曼（Patrick Gartmann）

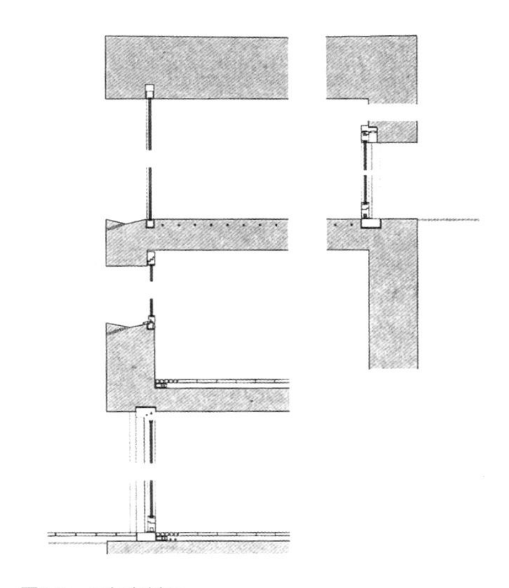

图9.3　丘尔宅剖面
——屋顶：600 mm~660 mm保温混凝土，延伸到窗洞，由两部分性能良好的阻隔器（stopper）密封
——外墙：450 mm保温混凝土
——门和窗：双层玻璃，木框

有可能做得越锐利。当然，这类转角也会面临侵蚀的风险，斯维勒·费恩的项目中有时会出现这一情况，特别是暴露于挪威极端寒冷的冬季环境时。加入纤维能够对边缘进行加强，可以成功浇筑出如本书第8章所提到的，截面更为纤薄的构件。作为普遍规律，预制混凝土的细部转角相比现浇混凝土的更为锐利。也就是说，即使是在现浇混凝土中，也有可能浇筑出非常直的细部转角，但要冒一定的风险，混凝土的边缘有可能在拆模时被损坏。帕特里克·加特曼设计的丘尔宅表明，在瑞士的语境下，能够实现非常精致且锐利的混凝土效果。这一住宅的很多细节都为保持设计中直线的表现力而进行了考虑——流到窗户开洞（falls）里的雨水，会被导向窗户，然后沿着泄水孔排出。

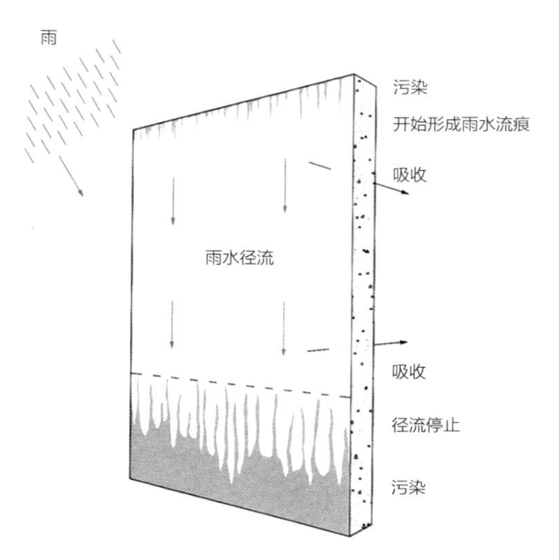

图9.4 风化和污染的图示

风化

在建筑设计和细部设计中，大气条件和环境因素与材料特性的相互作用被称为风化（weathering）。分别由两类作用导致：

• 物理的——风、雨、冻融；

• 化学的——因雨水、大气污染和表面材料之间反应而产生的氧化和化学沉淀

如果一个构筑物因为其他部分总是将雨水汇集到此处而保持潮湿，还会容易滋生苔藓和地衣等生物。

混凝土会直接表现出风化的作用，在大面积连续的表面上变化更为明显。在短时间内就会产生意料之外的影响，因而需要对此认真进行细部设计。雨水是表面不均匀污渍的最大成因。水能够冲刷掉污物，使部分区域得到清洁，但也会在其他部分留下沉积物。对于高度模数化的立面，需要认真考虑如何让雨水流过立面。由赫尔佐格和德梅隆设计的瑞克拉公司欧洲的米路斯厂房和仓库楼（Ricola-Europe SA, Production and Storage Building at Mulhouse），让混凝土立面上雨水的污渍形成立面上强有力的竖向图案。同样需要考虑的还有，当清水混凝土与多种材料共同使用时可能发生的情况，如铜板面层会产生的锈渍，如果随着雨水顺混凝土流下，就会留下绿色的痕迹。另一种可能对混凝土造成污染的，是混凝土表面外的橡木或地板，由于橡木中的鞣酸经过雨水冲刷渗出，会在混凝土上留下深褐色乃至黑色的痕迹。

图9.5 在瑞克拉公司欧洲的米路斯厂房和仓库楼中，赫尔佐格与德梅隆尝试表现混凝土对环境的回应——让雨水在混凝土上留下的污染成为立面上的图案

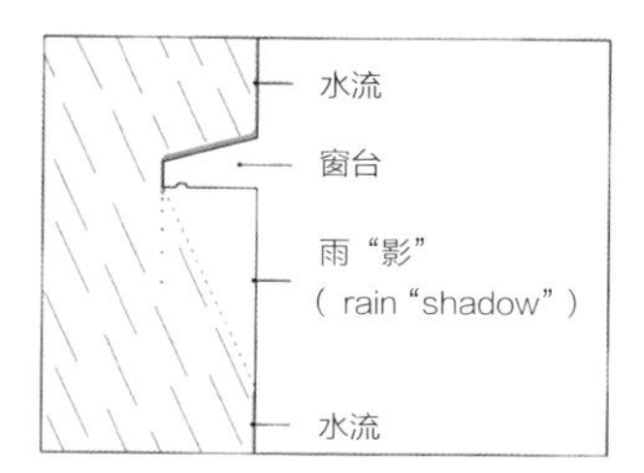

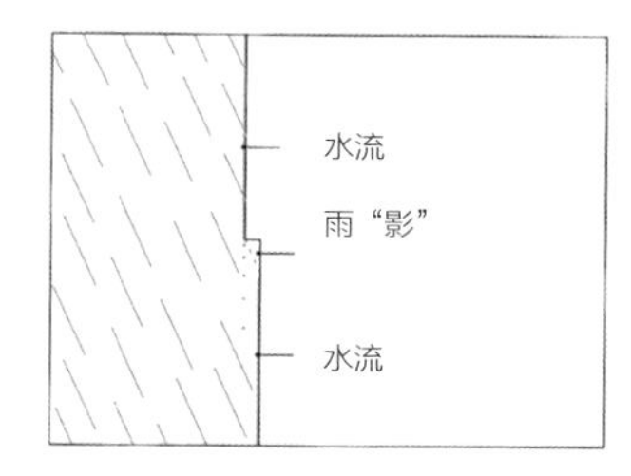

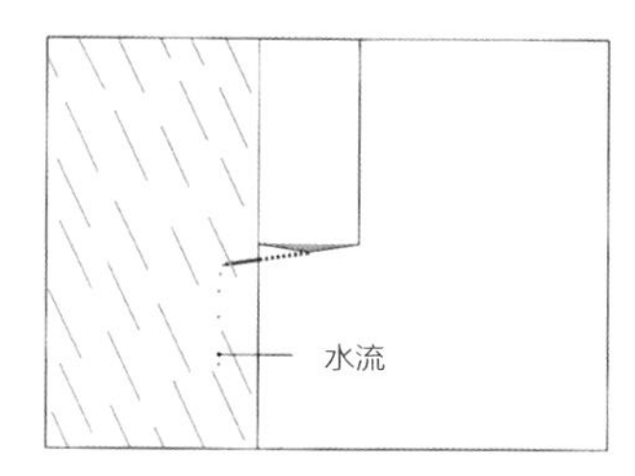

图9.6 风化的细节

图9.7 巴斯的一处联排住宅端部窗台，明显有雨水流下和窗台遮挡形成的污渍

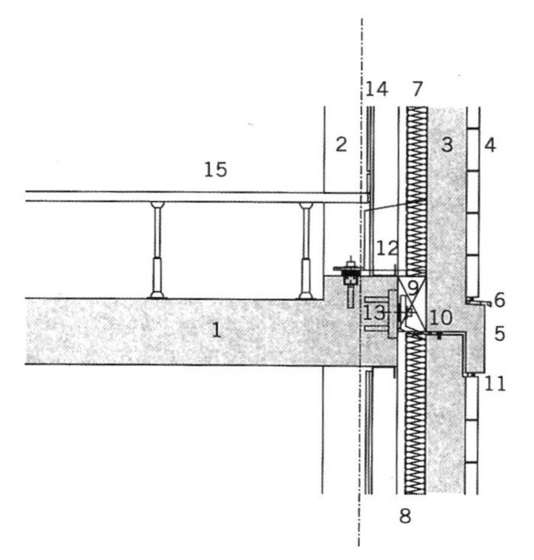

1. 现浇混凝土楼板
2. 预制混凝土柱
3. 预制混凝土面板
4. 50 mm砂岩
5. 抛光预制混凝土腰线
6. 不锈钢滴水外廓
7. 保温层
8. 隔气层
9. 防火条（fire barrier）
10. 内侧压缩密封条
11. 外侧防潮密封条，带排水孔
12. 承重板固定
13. 端部压板（head restraint）固定
14. 内墙石膏板
15. 架空地板

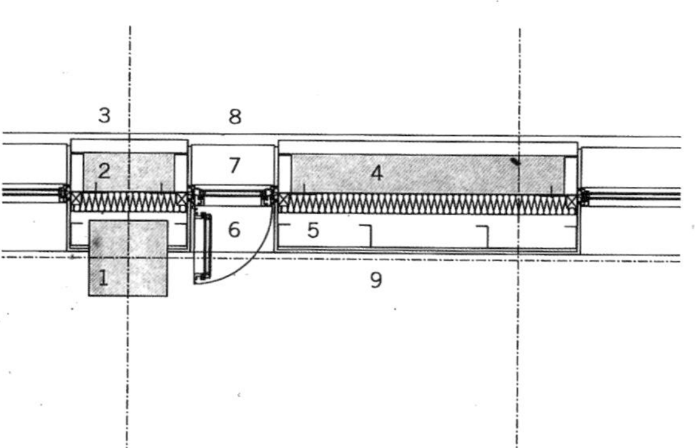

1. 预制混凝土柱
2. 预制混凝土面板
3. 50 mm砂岩
4. 保温层
5. 隔气层
6. 铝制窗
7. 铝制窗台
8. 不锈钢滴水外廓
9. 内墙石膏板

图9.8 请注意爱丁堡大学包特罗学院（Potlerrow Development）的不锈钢滴水墙身剖面，阻止砂岩饰面的预制混凝土板被弄脏或弄湿

图9.9 从乔治广场看包特罗学院

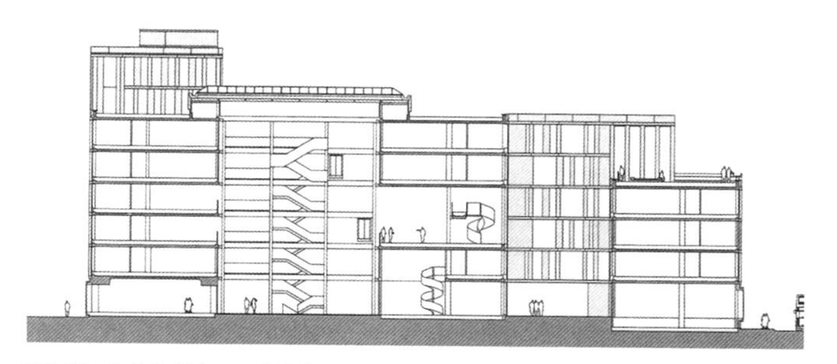

图9.10　包特罗学院——穿越信息广场的剖面

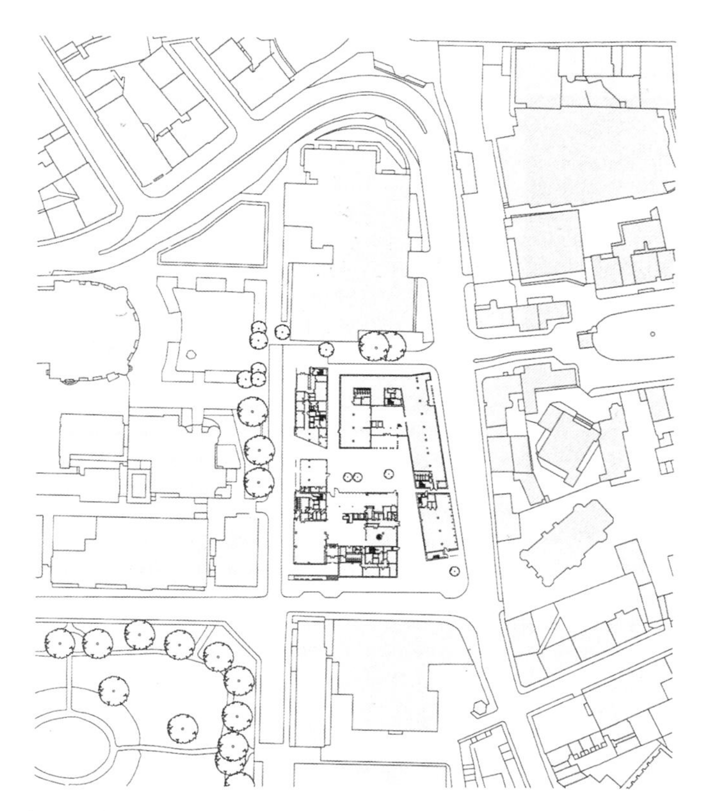

图9.11　包特罗学院（包括二期）的总平面

图9.12　包特罗学院石材贴面预制混凝土面板的浇筑

图9.13 斯维勒·费恩设计的菲耶兰挪威冰川博物馆（Norwegian Glacier Museum Fjærland），1991年建成，照片摄于2010年。耐候板让混凝土成为建筑的标志，请注意南立面上，光滑的模板混凝土墙上刻意突出的V形接头。

水平或接近水平状态的混凝土外表面，如屋顶、墙的顶部和窗台等，都需要进行密封，以避免潮气深入。也可使用薄膜、顶盖和窗台板等独立构件来阻挡潮气。如果需要暴露表面，就需要加密封剂，如环氧树脂、聚合物改性水泥砂浆等。大型水平面还会堆积大量空气中的和周边区域中的污物，因此需要专门对此进行细部设计，如在立面后设排水沟，并通过隐藏的水沟排出。

保温

全球变暖，作为我们工业活动的产物，已经威胁到了人类自身的健康。[2] 本书第10章着重探讨可持续的问题，建成环境设计的基本原则之一，是减少CO_2（主要温室气体之一）的产生。《建筑规范》（*Building Regulations*）已经提出在建设领域减少CO_2排放的步骤，目的在于让英国实现《京都议定书》的目标，并达到欧盟的建筑能效指令（EPBD, Energy Performance of Building Directive）的要求。建筑的环境性能设计需要进行整体考量，不仅仅是降低U值的问题。需要考虑材料的空气渗透率，以尽可能减少不必要的空气交换和气流。按照德国被动房标准（PassivHaus），在50帕斯卡的条件下，测出的空气渗透率应低于1 $m^3/h/m^2$；这比英国和威尔士的建筑规范获准文件L1A要严格10倍。实现低空气渗透率，需要使用适

图9.14　马尔摩东方公墓（Malmo Eastern Cemetery）的花亭（flower kiosk），建于1969年
建筑设计：西格德·列维伦茨

宜的呼吸膜（breather membrane），并对所有交接处进行详细的细部设计，因此也需要具有熟练而高质量的施工工艺。再加上保温性能良好的结构，就能够实现舒适的建筑环境。所有的构件都应有助于降低空气渗透率，特别是门和窗。在设计初期的主要问题，是朝向和提供充足的自然采光，充分利用被动太阳得热，同时，避免炫光也是一个关键因素。热质量的优势我们将在本书第10章详述。

在《英格兰及威尔士建筑规范》中，新建住宅的热工性能必须达到《获准文件L1A，2010》（*Apporved Document L1A, 2010*）的要求。表9.1列出了根据L部分列出的建筑构件U值指导值，文件也专门指出“所列为材料性能的最低可接受标准”。[3] 2010版本的“L部分”鼓励建筑师根据“二氧化碳排放率目标”（Target CO_2 Emission

图9.15　近距离观察列维伦茨花亭的现浇混凝土，摄于2009年

根据L1A部分（2010）列出的住宅保温层U值指导上限　　表9.1

构造参数	
屋顶	0.20（W/m²K）
墙体	0.30（W/m²K）
楼板	0.25（W/m²K）
共用墙	0.20（W/m²K）
窗、天窗、玻璃顶棚、幕墙、出入门	2.0（W/m²K）
透气性	10 m³/h/m²（50帕斯卡条件下）

Rate，TER）实现更低的U值。然而，为何建筑规范和自发制定的规则“可持续住宅标准”（Code for Sustainable Homes，CSH）之间会有这么大的差距，仍是一个谜团，也是一件憾事。

混凝土的热工性能

采用密实骨料制成的混凝土，导热系数通常在1.2 W/mK，密度约为2200 kg/m³，从而使得保温性能差，但热质量高。因此如果使用保温层，就需要考虑尽量减少保温层和混凝土的热传导，并要充分利用其热质量。由于混凝土经常是连续的构筑物，并有所悬挑，因而需要精心设计保温层，确保连续。冷桥不但会让能量流逝，也会导致结露、污渍和霉菌滋生等问题，如果能够合理设置保温层位置和隔热断桥（thermal break），这些都可以通过精心设计而加以避免。

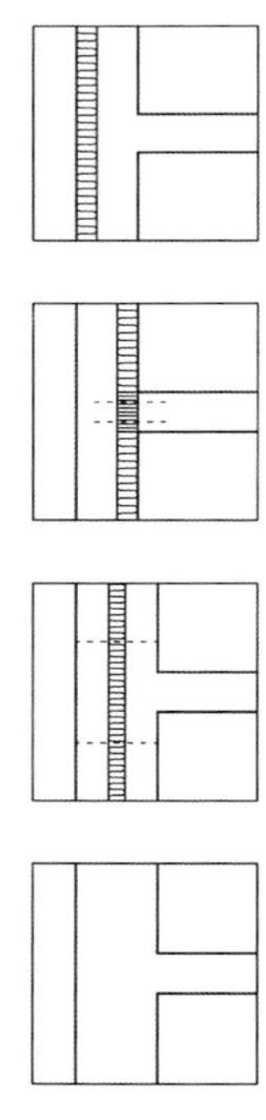

图9.16　保温层设置方式

保温层设置方式

保温层应置于何处？图9.16提供了各种类型：

- 外保温；
- 内保温；
- 保温内芯（insulating core），可用于现浇和预制两种情况；
- 保温骨料或主动保温（active insulation）。

每种类型都将在本章中进行介绍，并提供选择的项目案例。

混凝土细部热工性能标准　　表9.2

完全填充空心墙： 100 mm砌块和100 mm砌块（空心）加粉刷	实心砌块墙： 215 mm砌块（骨料），矿物纤维保温层和加筋粉刷	实心砌块墙： 215 mm砌块（空心），挤塑聚苯乙烯加加筋外墙粉刷	预制混凝土夹芯板（混凝土层为70 mm/125 mm）
空心砌块 （λ=0.15） 矿棉 （λ=0.033）	骨料砌块 （λ=1.13） 矿物纤维 （λ=0.04）	空心砌块 （λ=0.15） 挤塑聚苯乙烯 （λ=0.029）	密实混凝土 （λ=1.83～2.0） PIR保温层 （λ=0.023）
300 mm墙 （75 mm保温层） U=0.28 W/m^{2}K	360 mm墙 （120 mm保温层） U=0.28 W/m^{2}K	300 mm墙 （60 mm保温层） U=0.28 W/m^{2}K	295 mm墙 （75 mm保温层） U=0.28 W/m^{2}K
325 mm墙 （100 mm保温层） U=0.22 W/m^{2}K	375 mm墙 （135 mm保温层） U=0.25 W/m^{2}K	325 mm墙 （85 mm保温层） U=0.22 W/m^{2}K	325 mm墙 （105 mm保温层） U=0.21 W/m^{2}K
350 mm墙 （125 mm保温层） U=0.20 W/m^{2}K	420 mm墙 （180 mm保温层） U=0.20 W/m^{2}K	340 mm墙 （100 mm保温层） U=0.20 W/m^{2}K	330 mm墙 （110 mm保温层） U=0.20 W/m^{2}K
375 mm墙 （150 mm保温层） U=0.18 W/m^{2}K	440 mm墙 （200 mm保温层） 与空心砌块 U=0.20 W/m^{2}K	375 mm墙 （135 mm保温层） U=0.16 W/m^{2}K	370 mm墙 （150 mm保温层） U=0.15 W/m^{2}K
375 mm墙 （150 mm保温层） 设低导热性墙体连接件 U=0.17 W/m^{2}K	480 mm墙 （240 mm保温层） U=0.15 W/m^{2}K	385 mm墙 （145 mm保温层） U=0.15 W/m^{2}K	375 mm墙 （155 mm保温层） U=0.14 W/m^{2}K
400 mm墙 （175 mm保温层） 设低导热性墙体连接件 U=0.15 W/m^{2}K	615 mm墙 （215 mm保温层） U=0.1 W/m^{2}K	415 mm墙 （175 mm保温层） 与骨料砌块 U=0.15 W/m^{2}K	440 mm墙 （220 mm保温层） U=0.1 W/m^{2}K
500 mm墙 （275 mm保温层） 设低导热性墙体连接件 U=0.1 W/m^{2}K	515 mm墙 （215 mm保温层） 与骨料砌块 U=0.1 W/m^{2}K		

可持续住宅标准

在设计低能耗住宅时，主要的出发点是让墙体、屋顶和楼板实现非常低的U值。对于新建项目而言，低U值或者是采用0.1 W/m²K的超级保温层，增加的成本并不多。当然由于需要建筑同时具备较低的空气渗透率，因而要有完全固定（fully taped）的呼吸薄膜（breather membrane），需要对所有交界处进行认真设计，也需要具备非常高超的技艺。也可以通过采用经过详细设计的整体混凝土结构，来实现低空气渗透率——即对所有的交接点都进行严格的细部控制。

另一个决定性的因素是朝向，以获得充足的阳光和怡人的景色，这需要采用高性能的玻璃窗。关于实现碳中和住宅的研究和实践目前已出现不少，但仍缺乏好的案例。2006年12月开始实行的可持续住宅标准，是评价新建住宅环境影响的英国政府标准，设有从一星到六星的等级。尽管标准目前囊括了环境影响的9个方面，它的最终目的还是要到2016年，让所有新建住宅达到“零碳”的目标。使用混凝土显然有助于实现6级标准或“零碳”目标。在《能源与二氧化碳：通过混凝土和砌体实现目标》（*Energy and CO_2: Achieving Targets with Concrete and Masonry*）[4]一书中对此进行了陈述，但表9.2将其选择范围降低到0.1 W/m²K。如果已知热阻（K值）和材料厚度，可以通过电子表格对任何材料进行适当组合后的热阻或U值的稳态数据进行计算。

图9.17　沃纳公寓
建筑设计：Berth and Deplazes

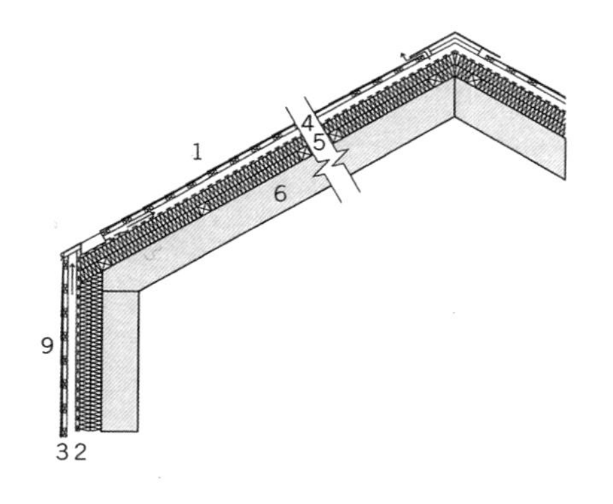

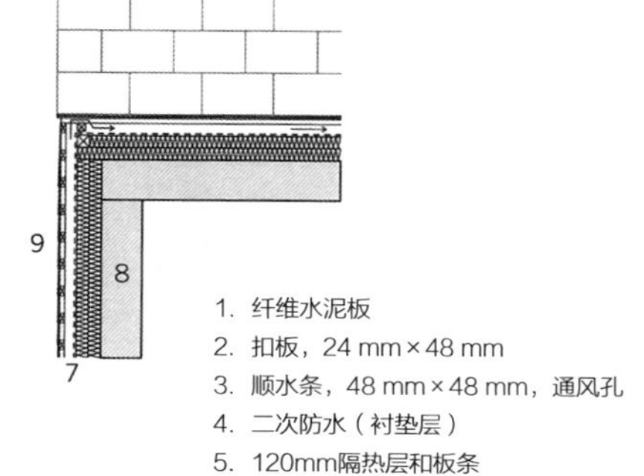

1. 纤维水泥板
2. 扣板，24 mm × 48 mm
3. 顺水条，48 mm × 48 mm，通风孔
4. 二次防水（衬垫层）
5. 120mm隔热层和板条
6. 混凝土屋顶
7. 密封膜
8. 混凝土墙
9. 纤维水泥板包层

图9.18　沃纳公寓细部图，展示了向内裸露的混凝土，保温层和纤维水泥包层

图9.19 伦敦城市大学研究生中心
建筑设计：丹尼尔·里伯斯金（Daniel Libeskind）工作室
图9.20 研究生中心室内的清水现浇混凝土墙

外保温

将保温层设置在结构外侧，简化了结构的连接，结构可以完全被保温层所包裹，但给外围护层增加了复杂性。在内部为清水混凝土结构的情况下，外保温的优势在于可以利用混凝土的热质量来储存热能。热质量能够吸收供热或制冷，对室内气候产生影响。为了利用热质量，混凝土的表面需要暴露出来，让使用者能够看到。而在室外，保温层则需要使用透气膜和外侧面层加以保护。

关于外保温项目的案例，由丹尼尔·里伯斯金设计，2003年12月建成的伦敦城市大学研究生中心，采用了不锈钢雨幕面层。由马里奥·库奇内拉（Mario Cucinella）进行建筑设计，布雷恩·福特（Brain Ford）教授进行环境设计的诺丁汉大学中国宁波分部（University of Nottingham's Ningbo campus in China） 可持续能源技术中心（Centre for Sustainable Energy Technologies，CSET） 楼， 于2008年11月建成，也采用了外保温形式。项目的室内将高炉矿渣混凝土暴露出来以利用其热质量，在室外则采用半透明玻璃幕墙为外保温层遮风避雨。CSET楼容纳了实验

图9.21 诺丁汉大学中国宁波分部CSET楼

室、办公室、研讨会议室等功能，其设计意在作为示范建筑，展示环境友好、可持续建设和室内环境节能控制等方面的先进技术。建筑设计通过促进节能、利用可再生能源进行自身产能等方式，尽可能降低对环境的影响，同时还使用当地可以找到的材料，尽量降低建筑的蕴能。CSET楼通过5项环境设计措施，对周边环境每天和季节性的变化作出回应：

- 高性能围护结构；
- 暴露热质量；
- 自然采光和太阳能控制；
- 实验室和车间管道通风。

马里奥·库奇内拉设计这座建筑，“以降低供暖、制冷和通风所需的额外能源。实际上，设计所得到的采暖、制冷和通风负荷的余热相当低，以至于余热加上电脑、照明所需的电力，可以通过可再生能源得到满足。”[5]

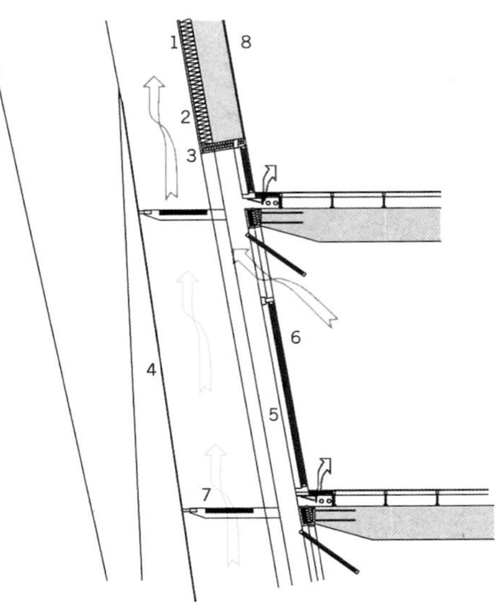

1. 15 mm带黏合剂石膏板层
2. 矿棉保温层
3. 蒸汽控制层
4. 外侧固定半透明玻璃幕墙
5. RHS钢柱
6. 双层玻璃单元，带开启扇
7. 支撑维修马道的次要钢结构
8. 高炉矿渣混凝土

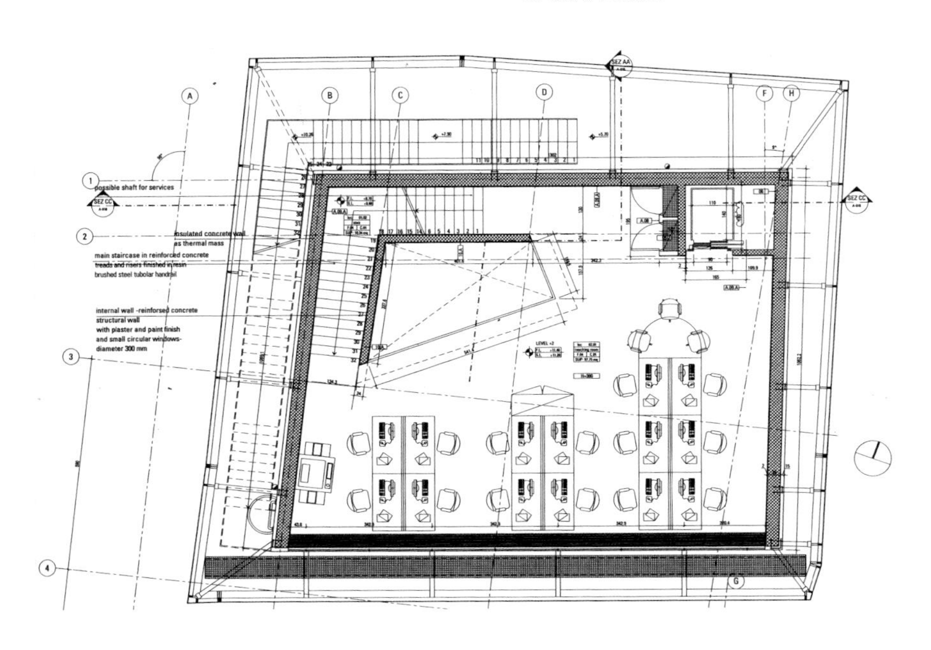

（对页）

图9.22 诺丁汉大学中国宁波分部CSET楼立面详图

图9.23 CSET楼二层平面图

图9.24 CSET楼夜景，展现了其设计理念，如同一个点亮的中国灯笼

图9.25 双层立面内部

图9.26 从瓶子街（Bottle Lane）看Pod项目
建筑设计：本森和福赛斯建筑事务所（Benson & Forsyth Architects）

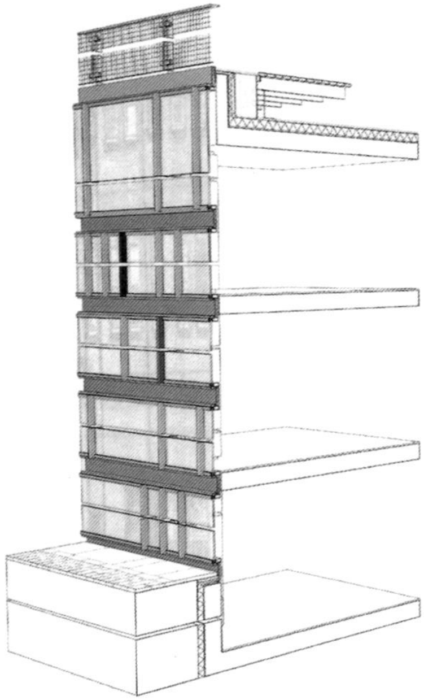

图9.27 本森和福赛斯建筑事务所针对Pod项目面向瓶子街一侧的幕墙所做的深化设计

混凝土结构和幕墙

框架结构带来的自由，导致了幕墙的出现，玻璃和面板只需要承受自重，跨度一般为楼板到楼板之间。从20世纪50年代开始，幕墙逐渐成为最为流行的外围护形式，特别是在办公楼和综合体项目中。Pod是诺丁汉市中心的一个多功能项目，由本森和福赛斯建筑事务所设计，可以作为阐释如何设计固定于混凝土框架上的铝材和钢材幕墙的实例。将幕墙从背面固定于混凝土框架，最基本的要求是要能够适应混凝土的容差，一般混凝土的容差都远大于幕墙系统的容差。20世纪70年代，叙米德幕墙公司（Schmidlin）引入铸钢构件，以适

图9.28 Pod室内，表现出混凝土框架和幕墙系统之间的关系

1. 镀锌软钢并行法兰通道，30 mm密实保温层，
   EPDM
   阳极氧化铝遮雨板
2. 垂尾阳极氧化铝盖板，覆盖钢压板，严实公司（Jansen）“Viss”玻璃系统
   钢幕墙型钢，镀锌及MIO涂刷
3. 152 mm×152 mm工字形断面，竖向通高，由树脂螺栓与结构框架固定
4. Hydrotech屋顶系统
   120 mm保温层
   60 mm碎石
   木地板
5. 现浇钢筋混凝土板及翻边
   防水系统
   200 mm×200 mm钢垫板
   “音叉”式连接
   Orsogril栏杆嵌板
   铝遮雨板

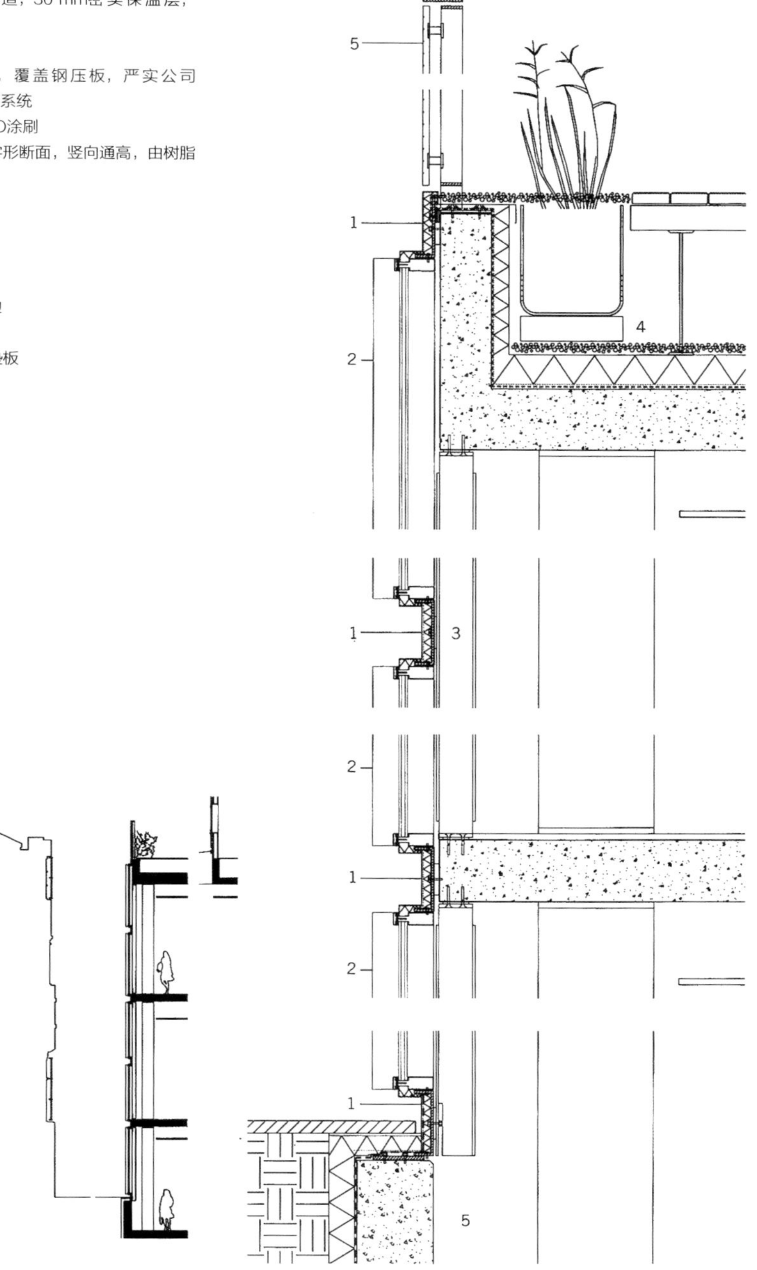

图9.29　Pod项目面向瓶子街一侧的幕墙的剖面和施工图

图9.30　丹麦皇家剧院（The Royal Playhouse），哥本哈根——2008年开幕
建筑设计：伦嘉德和特兰伯格建筑事务所（Lundgaard & Tranberg Arkitekter）

应三个方向——垂直、横向和平面上的容差。作为配合，应将哈芬公司（Halfen，幕墙的混凝土锚固系统供应商——译者注）产品或类似的固定管道（fixing channel）浇筑于混凝土结构中，然后在其上安装浇铸的或专门生产出来的幕墙支架。

内保温

内保温能让建筑实现可见的清水混凝土外墙，同时也能简化外围护结构。但结构的连接部位需要做热断桥。内保温的优势在于可以让衬垫系统（lining system）发挥作用，也可以让建筑拥有更多的可能性，但这也会显著隔绝混凝土体块，且不能用于储存热量。

保温内芯

有些建筑将保温层与双层混凝土墙相

图9.31　丹麦皇家剧院入口

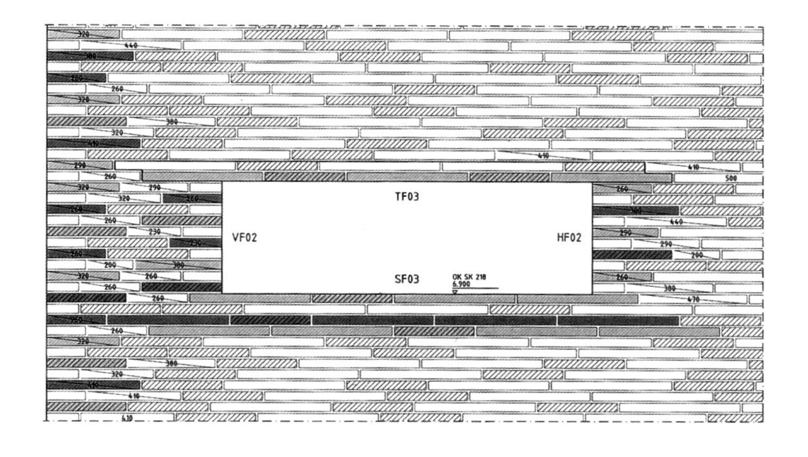

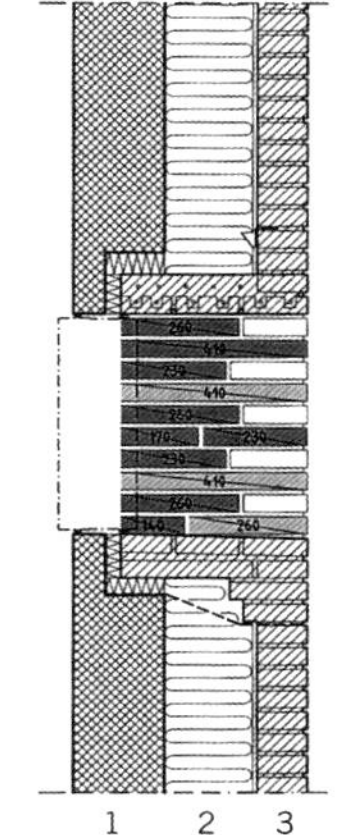

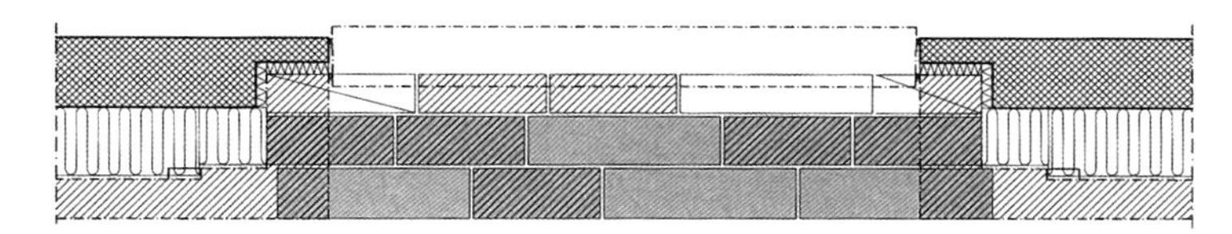

1. 200 mm清水钢筋混凝土内墙
2. 200 mm保温层
3. 150 mm厚手工砖

图9.32　哥本哈根丹麦皇家剧院的窗口开洞细部

结合——这样做的好处，是能够充分利用混凝土的热质量，获得非常低的U值。如果采用现浇混凝土，这种方法相对成本较高，因为模板必须与保温层配合，同时对其提供支撑，或分成两个阶段浇筑。由于两侧表面均不可燃，保温层能够采用保温性能较好的发泡聚合物。而墙体的宽度则会因双层皮而变厚。钢筋之间的每层混凝土都应有足够的厚度，便于使用振捣工具或使用自密实混凝土。由于会增加建材使用量并使施工更为复杂，双层表皮成本更高，主要适用于粗壮的构筑物。为了简化浇筑和模板工序，可以采用现浇混凝土结构外挂预制混凝土外层的做法，将保温层或预制保温板夹入其中，如Hardwall之类产品，并进行详细说明，见图9.38。

由瓦莱里奥·奥加提设计的瑞士帕尔佩尔斯三层混凝土校舍，作为一个整体而非各种形式的集成出现。其外形呈现为整体结构。建筑由两个混凝土部分组成，并形成双层围护结构。混凝土的墙体和楼板作为内层，形成一个独立的承重框架，然后与闭合的（fare-faced）表面混凝土外层以独立的剪刀销（shear pin）相连接。两部分相互支撑，但只通过相互之间的剪刀销有所接触。所有墙体和楼板之间的交接处均为隐藏连接（shadow joints）。

建筑的外立面表现出建筑内部不同工作空间和走廊的处理方式。室内木贴面的教室，有较大的窗户，与内表面取齐，选取的位置能够作为周边美景的景框。而通过与外墙表面取齐的窗口，能够看到走廊和楼梯的位置，窗口为其提供了最佳的自

图9.33 帕尔佩尔斯学校（School in Paspels）
建筑设计：瓦莱里奥·奥加提（Valerio Olgiati）

图9.34 学校室内

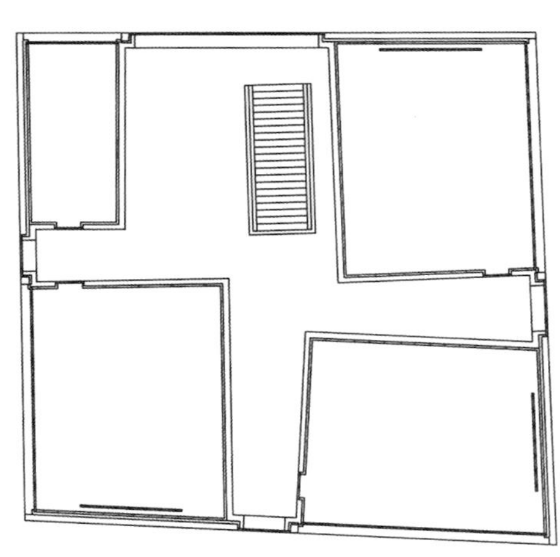

图9.35 帕尔佩尔斯学校二层平面

然采光。此外，十字形布局的平面能够接受来自各个方向的自然光，在整个白天都能够形成有变化的空间效果。[6]

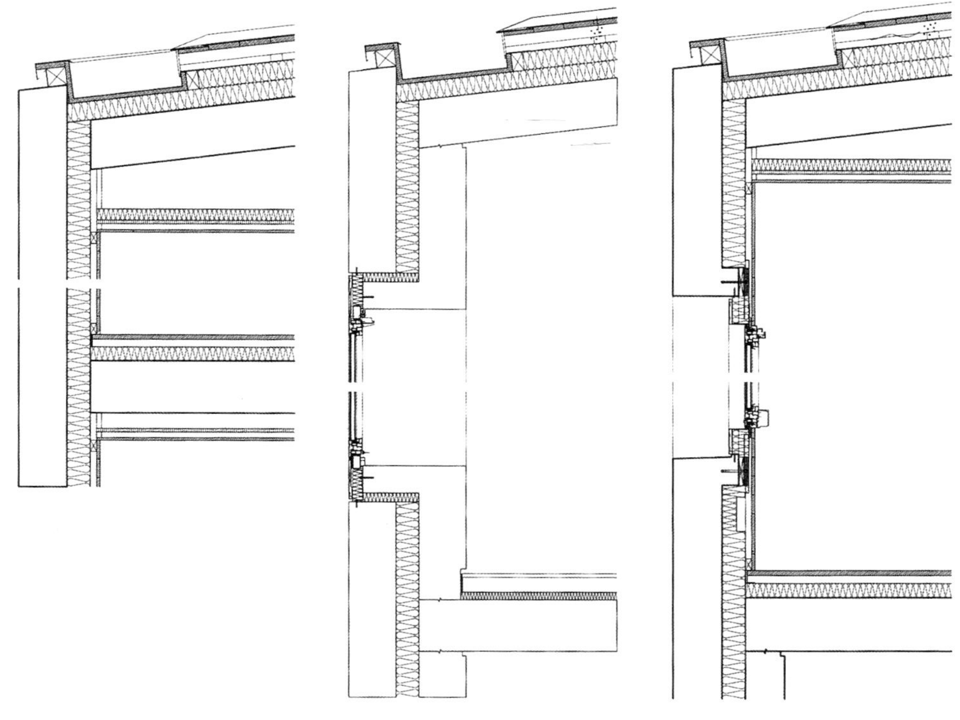

图9.36 帕尔佩尔斯学校墙身剖面，包括三种情况：木墙板；窗子部位双层混凝土墙；窗子部位内设木墙板

预制夹芯板

预制混凝土夹芯板由外侧混凝土层、中间的保温层和混凝土背衬层组成，共同实现可靠且成本合理的低U值及热质量。只有内层承担结构功能。夹芯板将清水饰面的结构层和博阿温层结合到一个构件内。这些预制产品能显著减少工地施工时间，并实现工厂品质。板两侧混凝土面层的粘接，采用导热系数非常低的预连接构件，此类构件由纤维增强复合材料和聚碳酸酯制成（见图9.38）。

不少制造商已经在开发预制混凝土夹芯板，其中，Trent混凝土公司将其系统命名为Hardwall。两个混凝土面层由碳纤维拉挤（pultruded）复合连接件（商标为Thermomass）结合而成，连接件在美国研发，可以将热传递控制在最小。夹芯板的内芯为挤塑聚苯乙烯保温层。这类板材的尺寸为4.1 m×10 m。厚度为395 mm的Hardwall板内的挤塑聚苯乙烯保温层厚度为120 mm，U值可达0.28 w/m^{2}K。如果采用更厚的Hardwall板，可将U值控制到0.1 w/m^{2}K以下。此类板材将出色的热阻和所需的室内热质量结合到了一起。

图9.37　德高集团（JCDecaux）办公楼是英国首个采用Hardwall的工程
建筑设计：福斯特事务所

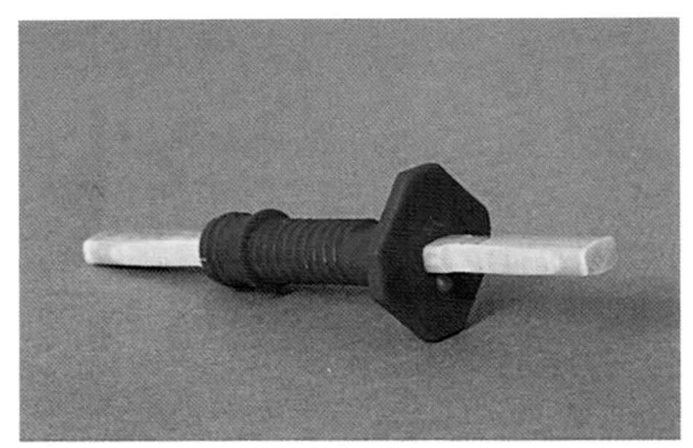

图9.38　Hardwall连接件和Hardwall板局部模型

保温骨料

对于保温性能的需求经常会导致人们避免使用真正的整体混凝土墙作为建筑的外围护结构。然而，混凝土本身是一种复合材料，可以调整其自身组成以适应特殊的性能需求，例如为满足特殊的设计需求，而在拌合料中使用高强度水泥或保温骨料。为了在室内外均能使用清水表面而无须设置复合的双层表皮材料，就可以采用中空的保温骨料，在单一连续的浇筑过程中增加混凝土的保温值。如果保温性能相对较差，就需要较大的墙厚，即要超过400 mm。如此巨大的结构及其特性，对于某些建筑师来说显然很有趣味。可以采用的骨料包括泡沫玻璃（foamed glass）、珍珠岩粒（perlite bead）、膨胀蛭石（exfoliated vermiculite）和膨胀黏土（expanded clay）等。保温骨料的使用目前仍然处于试验阶段，需要经过细致的甄别，有针对性的测试，以实现所需的保温、施工和结构性能。例如，某些拌合料可能由于加入的中空骨料浮起来，而导致保温水平不均，并影响结构性能。帕特里克·加特曼设计的丘尔宅，和Kister Scheithauer Gross Architekten设计的双信仰教堂（Double Church of Two Faiths）是在混凝土拌合料中应用保温材料的代表性案例。

瑞士的丘尔宅，其平面设计由贝阿斯和德普拉泽斯（Bearth and Deplazes）主导（见图9.2~9.3）。建筑着意表现干脆利落的方形体量，但实际上最令人瞩目的是其应用的具备合理U值的整体混凝土。其拌合料由加特曼研发而成，用膨胀玻璃替代砂子，用膨胀黏土替代砾石。450 mm厚的墙体所提供的U值接近0.58 w/m^2K，而60 mm ~ 650 mm厚的顶板，其U值则接近于0.4 w/m^2K。建筑未设内保温层，也没有在室内做抹灰。即使是屋顶防水措施，采用的也是塑料改性水泥砂浆（plastic modified cement slurry）。这座建筑可以被视为一个新的开端，混凝土拌合料在此既能满足结构性能也能提供保温性能。

图9.39　双信仰教堂（The Double Church of Two Faiths）
建筑设计：Kister Scheithauer Gross Architekten

圣玛利亚·马格达莱纳教堂位于德国弗赖堡附近的赖斯菲尔德（Risefeld），建于2002~2004年，又被称为双信仰教堂，因为由一座天主教教堂和一座新教教堂共同组成。Kister Scheithauer Gross Architekten赢得了教堂的设计竞赛，将两座教堂合为一个完整的建筑整体，在苏珊娜·格罗斯

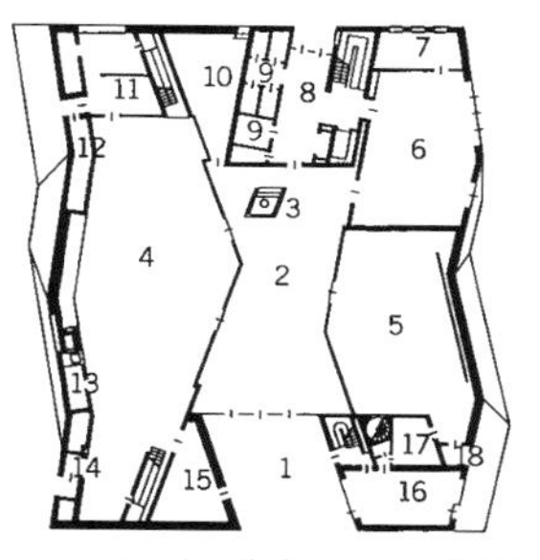

1. 入口庭院
2. 中央大厅
3. 洗礼区
4. 天主教堂
5. 新教教堂
6. 天主教教区厅
7. 厨房
8. 小门厅
9. 卫生间
10. 北侧小教堂
11. 天主教教堂圣器收藏室
12. 法衣区
13. 祈祷壁龛
14. 天主教堂入口
15. 南侧小教堂
16. 教堂商店
17. 新教教堂圣器收藏室
18. 新教教堂入口

图9.40　双信仰教堂平面图

（Susanne Gross）教授看来，“和（公共）广场相比，两个教堂各自的体量都太小，我们就决定将二者合并为一个同质的整体。”[7] 建筑采用不规则的平面，可以分为两个教堂，也可以合并为一个较大的适用全基督教的集会厅。平面以大型可移动混凝土墙进行分隔。克里斯汀·费瑞斯（Kristin Feireiss）将教堂的室内形容为“一个如雕刻而成的房间，拥有硕大而开阔的顶棚；一个完全由散发着脆弱感的混凝土

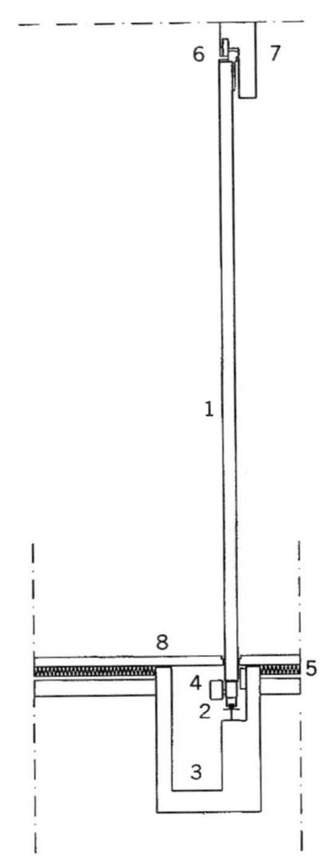

1. 可移动墙体单元，墙厚180 mm，现浇混凝土
2. 钢轮，位于钢轨道上
3. 竖井
4. 电机
5. 吸声材料
6. 带导向轮导轨
7. 和墙体相似的支撑，现浇混凝土
8. 光滑表面混凝土楼板

图9.41　双信仰教堂门的细部

组成的结构；一种带有路易·康的维度的空间体验”。[8] 教堂的外围护体系和结构均为现浇混凝土，厚400 mm，两侧均为清水表面。墙体施工采用轻质骨料，以实现适当的热工性能而无须添加保温层。双信仰教堂在能源消耗方面比当前弗赖堡市《低能耗建筑标准》规定的表现更为出色。

图9.42　关税同盟设计与管理学院（Zollverein School of Management and Design）
建筑设计：SANAA

主动保温

SANAA建筑事务所在关税同盟管理设计学院中采用了主动的方式来获得保温和热舒适。这座学校是大都会建筑事务所（OMA，Office for Metropolitan Archiecture）为德国埃森（Essen）矿区再利用所做的规划中第一栋建成的建筑。其外表整体性的墙体为现浇混凝土，并在室内和室外均呈现清水状态。为了给墙体进行“保温”，SANAA利用了当地多余的矿坑水，这是1986年煤矿关闭后为了防止地面沉降，从地下1000 m的深处抽取出来的。出水温度为29℃，此前从未得到过使用。混凝土墙利用这一免费资源，在墙体内加入聚丙烯管道，并经过细致设计，穿行于钢筋层中。矿井水的能量通过热传导得到释放，然后被引入干净的水循环管道中。这一系统同时也可加入冷水，用于夏季制冷。其结果是，因为无须设置保温层，墙体的厚度仅有300 mm。按照设计，系统能使墙体内侧最低保持18℃的温度。即使泵送系统出现问题，自冲洗系统（self-flushing

图9.43 关税同盟设计与管理学院

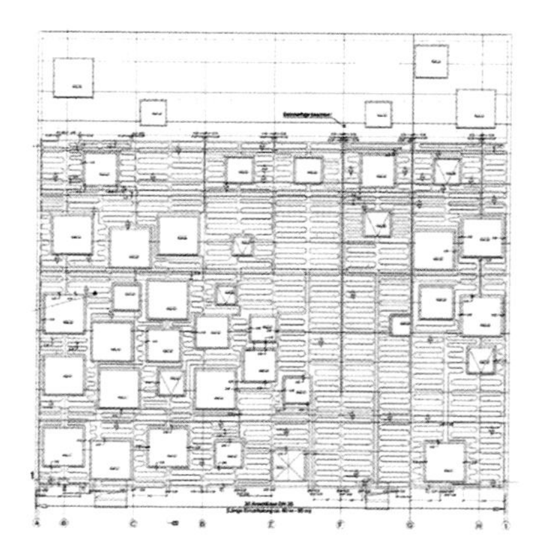

图9.44 埋管立面图

图9.45 关税同盟设计与管理学院室内立面

system）也能避免静止的水被冻住。经过对墙体热损失的计算，电力工程设计公司（Transsolar Energietechnik）的工程师预测，即便有高达80%的热损失，仍比双层构造更为经济。矿业同盟学院是一座激进的建筑，但将保温材料加入混凝土拌合料，或设为露明层，都是已在更广的范围内得到应用的明智策略。

热桥—冷桥

如果外面罩有面层的结构单元或构件，是同时与温暖的室内以及室外空气很冷的环境接触的，就会成为热桥或者说冷桥，产生热损失。建筑中出现冷桥，会导致两种主要危害：能量损失和结露。首先，剧烈的热流散失，会造成显著降温和能量损失，破坏U值的效果，降低建筑整体的热工性能；其次，构造自身的温度低于露点，就增加了在各层间隙中结露的可能。1983年，艾伦·J·布鲁克斯（Alan J. Brookes）在《建筑外层》（*Cladding of Buildings*）[9]的初版中提出，预制混凝土面层的后侧存在结露是正常的。经过一代人的时间，现在除了雨幕面层系统的风化层（weathering layer），人们已经认识到结露是不应出现的了。计算给定建筑的露点相对较为简便，C·斯特林（C. Stirling）[10]在《保温：避免危害》（*Thermal Insulation: Avoiding Risks*）一书中提出若干措施避免上述危害。缝隙结露会对建筑室内造成严重危害，有时会被误认为是雨水渗漏。持续处于结露环境中，会使室内饰面和粉刷受到侵蚀，造成严重变质并生长霉菌，而霉菌是哮喘等呼吸系统过敏的主要原因。因此，在做混凝土结构的细部设计时需要对此进行特别关注，因为混凝土较高的热质量会加剧冷桥效应。

有多种方法可避免冷桥，包括合理设置保温层位置，避免悬挑等结构构件穿过保温层等。如果实在不能避免打断保温层，目前也有多种结构隔热断桥，可用于混凝土与混凝土以及混凝土与钢材之间的细部节点——作为必需品，这已成为一种“母”（mother）发明。Schöck Isokorb的结构隔热断桥组件即为可供选择的例子。建筑师和结构工程师应将结构隔热断桥视为重要构件，在细部构造设计中详加考虑。

Schöck Isokorb的结构隔热断桥组件在尽量避免热量流出的同时保证了结构的连续性。其设计将保温条与不锈钢钢筋结合在一起，允许剪力和连续的弯矩通过楼板，同时减少构件之间的热传导。此类预制构件的内芯为高密度聚苯乙烯单元，其中含有由细小的不锈钢钢筋混凝土块组成的高密度承压块。这些承压块支撑的不锈钢钢筋可以承受剪力和拉力。单元的强度足以传递荷载，并保持结构的整体性。

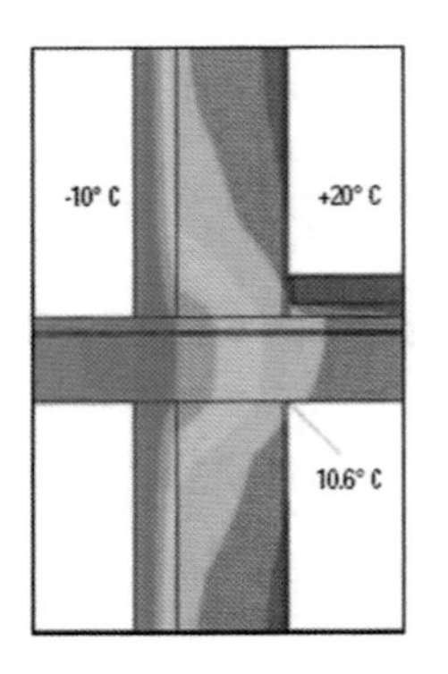

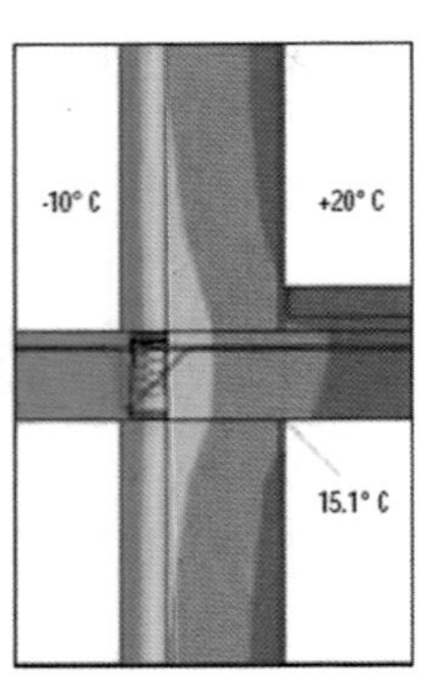

图9.46 室外楼板节点热传递模拟，显示了加入结构隔热断桥后的优点

图9.47 连接现浇混凝土的Schöck隔热断桥

Schöck将不锈钢与低碳钢筋焊接起来，避免隔热断桥中的各种结露问题对钢筋造成腐蚀；不锈钢的一大优势是传热性能比碳钢要差。在隔热断桥两侧的钢筋需叠放以提供结构连续性。这些节点周围的细部需要结合结构组件不同的热位移（thermal movement）进行设计，特别是在节点由多种材料组成的情况下。

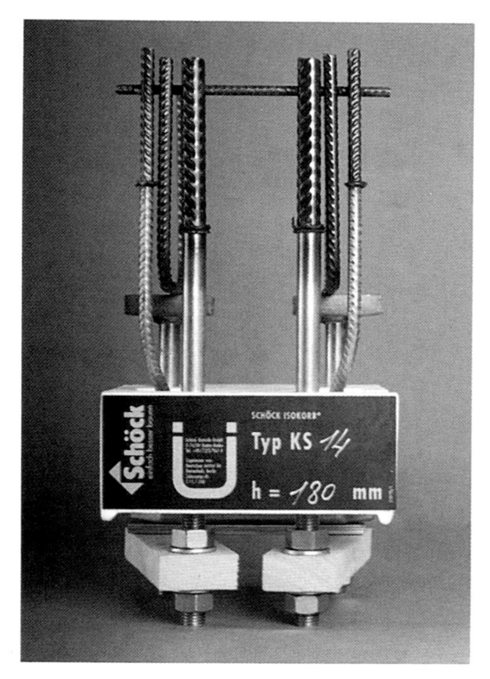

图9.48　现浇混凝土隔热断桥中的钢筋

图9.49　路易斯·罗森塔尔当代艺术中心施工中悬挂着的Schöck Isokorb结构隔热断桥

路易斯·罗森塔尔当代艺术中心

由扎哈·哈迪德建筑事务所设计的美国辛辛那提路易斯·罗森塔尔当代艺术中心，在建筑悬挑的墙体上使用了Schöck Isokorb隔热断桥构件，主要位于同时与室内外空间接触的画廊部分。Schöck Isokorb隔热断桥构件长1 m，高400 mm，其保温内芯厚80 mm。

混凝土产业是建造技术的集成，已经存在并使用了数千年，而新的技术和材料制品仍在不断的发展中。你如何使用混凝土由你自己决定。在此，我们可以借用家具设计师、建筑师查尔斯·伊姆斯的一句名言——细部不是细部，它们是整个项目。

图9.50　路易斯·罗森塔尔当代艺术中心（Lois Rosenthal Center for Contemporary Art）

建筑设计：扎哈·哈迪德建筑师事务所

图10.1 Powergen运营总部
建筑设计：贝内茨建筑师及合伙人事务所

第10章 可持续性

"我们在25年的实践工作中，实现了节能的混凝土建筑，因此我们很了解实践中，尤其是在英国这样的温和气候下的理论知识。通过将热质量和表面形式与良好的保温和太阳得热控制相结合，通常采用空调才能拥有良好工作环境的建筑，显著只需要自然通风就可以实现。"

拉布和丹尼斯·本内茨（Rab and Denise Bennetts）[1]

混凝土一项非常重要的职责，是创造一个可持续且对生态负责的人类建成环境。它是一项可以回溯2000年历史的技术，古罗马人建造的混凝土项目至今仍然参观者众，有着非常高的公共使用率。其中的罗马万神庙就是一个绝佳的例子（见图8.4）。

尽管我们会在设计一座新建筑的最初阶段，就考虑到如何在其寿命结束时将其拆除，但也还是需要知道，建设行业现在正逐渐将建筑视为一种包装物，而探讨如何对其进行再回收和重复利用。可持续建成环境的一个关键方面，就是建筑和基础设施中所蕴含的设计质量。设计做得好的建筑，经常能够在其第一用途不再满足需要时得到重复利用，而不是被拆除，这样既能节约其最初的蕴能，也能保留建筑的文化价值。伦敦泰特美术馆就是一个相关的例子，其前身是吉列斯·吉尔伯特·斯考特（Giles Gilbert Scott）设计的电厂，而今天则是英格兰东南部参观人数最多的建筑。泰特美术馆每年要接待4100万游客。美术馆的馆长尼古拉斯·塞罗塔爵士（Sir Nicolas Serota）是这样描述的："在2003年奥拉维尔·埃利亚松展览的最后一天，美术馆甚至显得比Bluewater还拥挤。"[2] Bluewater是欧洲最大的购物中心。

图10.2 作品《口令》(*Shibboleth*)穿过泰特美术馆涡轮大厅（the Turbine Hall at Tate Modern）的混凝土地板
艺术家：桃瑞丝·沙尔塞朵（Doris Salcedo）

在对待第一生命周期行将结束的建筑和基础设施时，决策顺序应为：建筑再利用，构件再利用，如果前面这两项都不合适，最后才是进行回收再利用。MVRDV和JJW建筑事务所合作设计的双子住宅，于2005年投入使用，就是一个再利用和再造的出色案例——将哥本哈根两个直径为25 m的混凝土谷仓重复利用，成为码头上带有庭院的公寓住宅。克里斯蒂·汉纳克（Christian Hanak）和伊娃·奥若姆

图10.3 双子住宅（Gemini Residence）创造性地对两个现有的钢筋混凝土谷仓进行了再利用
建筑设计：MVRDV和JJW建筑事务所合作

图10.4 双子住宅新的入口通道，对现有的混凝土筒体进行了细致的钻石切割，断面中的钢筋截面清晰可见

（Eva Ørum）在《哥本哈根新建筑》（*New Archiecture in Copenhagen*）一书中，充满欣喜地描述这一建筑创举：“在混凝土圆筒外侧加上公寓，真可谓神来之笔。”[3]原有筒仓的内部现由乙烯–四氟乙烯共聚物，即ETFE膜制成的气枕所遮蔽，成为开敞的半公共空间，可由此进入公寓。

在设计一座新建筑时，建筑师需要考虑两个关键的环境问题：如何减少建筑运行过程中产生的碳排放；如何减少项目建造中蕴含的碳。其中包括改用硅酸盐水泥、使用再生骨料（secondary or recycled aggregate）和非现场制造等措施。这些都能减少建造过程中的碳足迹，同时还可以建造更为节能的建筑，让能够固化CO_2的建筑构造成为更重要的组成部分。空间的品质和使用者的舒适性仍然是首先需要满足的要求；例如，在办公楼中，最昂贵也最有价值的资源，是使用建筑的人。

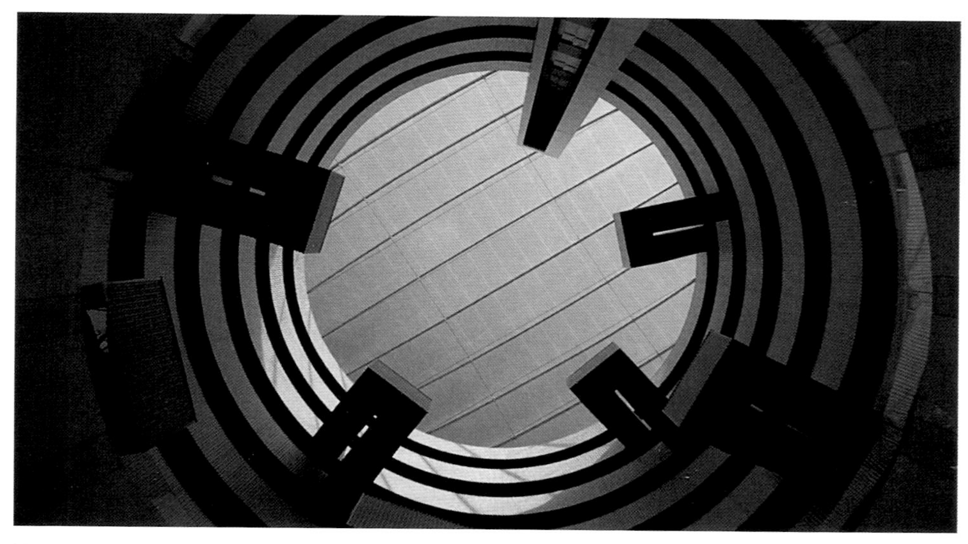

图 10.5　混凝土筒仓顶部现为ETFE枕组成的天窗

生命周期

设计精细、施工认真的混凝土，其预期寿命可以超过100年。英国规范规定的公路桥第一生命周期（first life）超过120年。混凝土不需要太多养护，但需要每年进行检查，如果产生任何问题，就要尽快修补。

全生命周期成本（Whole Life Costing，简称WLC）是一种非常有效的工具，可以协助评估建设成本和性能——主要用于制定决策，协助选择在一定时间范围内的不同施工和运行成本方案，同时还要考虑投资成本、场地适应性和休整、设计费、使用成本（包括维护、清洁、安全、能源和保险等）、租金/价格和其他特定商务设施管理服务等，还可以将金融和收入、税收、剩余价值/清理成本（disposal costs）等方面纳入其中。

环境和可持续方面是WLC评估的关键部分。

WLC的使用：

- 鼓励交流和项目定义；
- 明晰购置成本和占有成本；
- 优化购置/占有成本总额；
- 确保进行早期风险评估；
- 促进切实可行的预算；
- 鼓励对材料选择进行讨论和决策；
- 确保获得最佳价值；
- 为未来的标杆管理（benchmarking）提供确切数据。

为计划中的项目进行考虑时，不能只想到其最初的成本，这一点很重要，同时也不能完全忽略降低成本投资的需求。更为负责的方式，是考虑到项目的全生命周期成本（WLC），在考虑资本投入时，将一段时间内或业主认可的生命周期内的能源消耗成本和蕴能成本也考虑在内。在“混凝土和钢材的全生命周期”（Whole-Life Costs Concrete vs Steel）中，戴维·赖特（David Wright）比较了两座典型规模的办公建筑，其一为钢框架，另一个是混凝土框架。[4] 尽管按照30年的周期计算，选择钢框架在成本投资方面要少3.6%，但混凝土框架办公楼能节约的资金则超过了4%，这一优势是由混凝土框架的热质量所产生的被动制冷效果所带来的。随着能源成本的上涨，在这方面的改善和整体节约将会变得越来越重要，使用混凝土框架每年可以减少57吨的二氧化碳排放。

一些材料的预期寿命

当建筑师在项目中选择某种材料承担某一特定功能时，会充分考虑材料的预期寿命（life expectancy）吗？这会影响到建筑的使用和维护，而每年对建筑和基础设施进行检修是非常必要的，同时还需要进行各种用于修补的必要的防御、维护措施。这比把建筑物置之不理，等着部件逐渐损坏更节约成本。表10.1根据《可持续性建筑指导》（*Guideline for Sustainable Building*）[5]列出来一些建筑材料的典型预期寿命。

另一个可以查阅预期寿命数据的主要来源，是《建筑构件预期寿命实用指南：根据建筑测量员实践经验总结》（*Life Expectancy of Building Components: A Practical Guide to Surveyors' Experiences of Building in Use*）。[6]

图 10.6　即将被拆除的模板建筑

再回收预制混凝土板

尽管混凝土的预期寿命可以超过100年，但如果细节考虑不周，就会加速破败或是无法达到应有的社会周期。在政府委托设计的塔楼街区中，这一问题尤其突出。此类街区原本设计用作安居住宅，在拆除过程中，塔楼能够提供大量可循环利用的骨料，但混凝土与木材和钢材不同，拆除不可能细致到留出完整的建筑构件进行再利用。而如果是用预制板建造的塔楼，通过认真处理，还有可能留下完整的混凝土板并在新建的住宅中应用，节省制造过程所需的蕴能。设计机构Conclus的赫维·比勒（Hervé Biele）在柏林梅赫劳（Mehrow）设计的新住宅，重新利用了一座已经废弃的11层板楼[或称为“平层公寓”（platternbauen）]中的预制混凝土板。通过再利用预制混凝土板，新建筑的成本降低了30%。

一些建筑材料的普遍生命周期　表10.1

部位	材料	预期寿命（年）	平均预期寿命（年）
基础	混凝土	80 ~ 150	100
内墙	混凝土	100 ~ 150	120
	钢	80 ~ 100	90
	软木	50 ~ 80	70
	硬木	80 ~ 150	100
楼梯和阳台	混凝土	100 ~ 150	100
	钢（内）	80 ~ 100	90
	钢（外）	50 ~ 90	60
	软木（内）	50 ~ 80	60
	硬木（内）	80 ~ 150	90
	软木（外）	30 ~ 50	45
	硬木（外）	50 ~ 80	70
屋顶结构	混凝土	80 ~ 150	100
	钢	60 ~ 100	70
	木	80 ~ 150	70
	胶合桁架	40 ~ 80	50
	钉桁架	30 ~ 50	30
外表面	混凝土	100 ~ 150	120
	软木	40 ~ 50	45
	硬木	60 ~ 80	70
边缘保护	加工软木	15 ~ 25	20
	硬木	25 ~ 35	30
	镀锌/塑料披覆金属	30 ~ 40	35
	预制混凝土	60 ~ 80	70

图10.7　再回收预制混凝土板

建筑师对民主德国时期建造的塔楼中完整的预制混凝土墙板和楼面板进行了再利用，使得混凝土设计和拆除中的能源消耗比通常情况大为减少。再利用的混凝土板减少了塔楼拆除会导致的燃料消耗，也减少了再回收骨料制造新的混凝土材料的消耗。另一个优势是混凝土随着时间的推移已经硬化，强度也有所增加。

图10.8　梅赫劳住宅——室内施工
建筑设计：Conclus的赫维·比勒

图10.10　梅赫劳住宅（Mehrow Residence）

图10.9　梅赫劳住宅——施工中

唯一明显的能源消耗是要运输5吨板材，并用轻便起重机（portable crane）将其在工地上吊装到位。但无需将骨料拆解出来，并增加水泥加工和拌合等通常所需的燃料消耗，因而是对环境相当友好的方式。同时也大幅节约了成本。在梅赫劳住宅的案例中，板材由拆除公司免费提供，因为这节省了他们的清理成本，而对建筑师来说则节约了材料成本。在梅赫劳住宅这样的小规模建筑中使用再回收混凝土板，也会产生一定的问题。尽管能将墙板快速简单安装到位，但墙板的重量使得运输和储存都比较困难，同时还需要按尺寸需求进行切割。对于使用再回收混凝土板的项目来说，时间安排也是个重要问题，必须邻近拆除场地，才能保证运输费用不致过高，也就是说应在100英里以内。北美的LEED规定提供构件的距离应在500英里以内，反映出北美大陆大尺度的地理概念。[7] 如果增设300 mm的保温层、双层玻璃和相应的供热系统，再回收混凝土板住宅的节能水平将达到普通住宅的3倍，成本约为521英镑/m^2，即比从头开始建造的框架结构建筑便宜30%～40%。

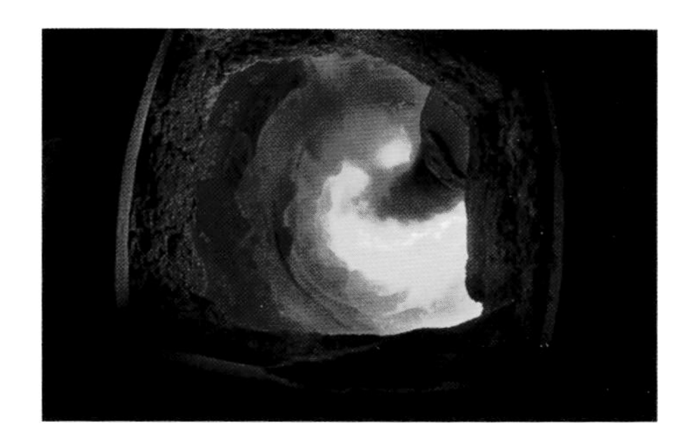

图10.11 水泥窑内部

减少混凝土蕴能

硅酸盐水泥的生产过程需要消耗大量的能源。作为目前使用最为普遍的水泥，其在混凝土中所占比重约为10%～15%。除了要让熔炉温度达到1450℃所需消耗的能源，碳酸钙在加热时也会发生化学反应释放CO_2。过去40年，水泥的能源消耗已经下降了40%，从1962年的7.5 GL/吨降低到1997年的4.5 GL/吨。相应的，蕴含的CO_2（ECO_2）也在下降。与水泥生产相关的直接CO_2排放量从1990年到2006年下降了29%。通过使用废弃回收替代燃料，生产水泥使用的化石燃料总量从1998年开始下降了29%。[8]

英国水泥制品产生的CO_2排放量占总量的2%，相比之下建筑供热和照明所占比例大约为50%，而交通占30%左右。

硅酸盐水泥替代品

可以通过使用具有凝胶特性的工业副产品，如高炉矿渣（ggbs）和粉煤灰（pulverized fuel ash）等，进一步减少水泥中蕴含的CO_2，见本书第3章。根据1985年成立的英国胶凝渣制造商协会（Cementitious Slag Makers Association），以及英国建筑研究院（BRE）的研究，英国每年用于替代水泥的高炉矿渣超过200万吨。[9]每年因替代硅酸盐水泥而：

- 减少约200万吨的CO_2排放；
- 减少20亿千万时（kWh）的一次能源使用量；
- 节约300万吨采石量；
- 节约200万吨可能造成的垃圾填埋量。[10]

更多关于高炉矿渣的规定可以参看《BS EN 15167-1：2006高温炉渣》。硅酸盐水泥的可替代程度，取决于混凝土的结构功能和其所需养护时间等因素。表10.3比较了不同规格的使用硅酸盐水泥、粉煤灰和高路矿渣等成分的混凝土所蕴含的CO_2的差异。

混凝土构件蕴含的二氧化碳（ECO_2） 表10.2

混凝土	混凝土类型	$kgCO_2/m^3$中ECO_2含量	$kgCO_2/t$中ECO_2含量
碎石、填土、条形基础、块状基础[a]	GEN1 70 mm（仅CEM I）	173	75
槽型基础[a]	GEN1 120 mm*（仅CEM I）	184	80
加筋基础[a]	RC30 70 mm‡（仅CEM I）	318	132
底层楼板[a]	RC35 70 mm†（仅CEM I）	315	133
结构：现浇楼板、上层结构、墙体、地下室[a]	RC40 70 mm‡（仅CEM I）	372	153
高强度混凝土[a]	RC50 70 mm‡（仅CEM I）	436	176
密实混凝土骨料砌块[b]	预制块	147	75
加气混凝土砌块[b]	预制块	121	240
一般轻骨料砌块[c]	预制块	168	120
木材			
木材，英国加工硬木[d]		369	470
木材，英国加工软木[d]		185	440
胶合板[d]		398	750
钢			
英国生产结构型钢[e]		15313	1932

* 包括25 kg/m^3钢筋

† 包括30 kg/m^3钢筋

‡ 包括100 kg/m^3钢筋

参考文献：

a. GEN1、RC32/40和RC40/50的ECO_2数据来源于行业认可的代表性数据，包括胶凝材料、骨料、钢筋、添加剂和适量的水

b. BRE环境档案数据库（Environmental Profiles database），英国建筑研究院（BRE），2006

c. 英国建筑研究院（BRE）BREEAM中心环境分部通讯，2005

d. G·哈蒙德（Hammond, G.）、C·琼斯（Jones, C.）著，碳及能源清单（ICE）1.5试用版（*Inventory of Carbon & Energy（ICE）version 1.5 Beta*），巴斯大学机械工程系（Department of Mechanical Engineering, University of Bath），2006

e. A·阿马托（Amato, A.）K·J·伊顿（Eaton, K., J.），现代办公建筑环境生命周期研究比较（*A Comparative Environmental Life Cycle Assessment of Modern Office Buildings*），钢结构研究院（Steel Construction Institute），1998

混凝土拌合料蕴含的二氧化碳（ECO_2）　表10.3

混凝土	混凝土类型	kgCO_2/t中ECO_2含量			kgCO_2/ m^3中ECO_2含量		
		CEM I 混凝土	30%粉煤灰混凝土	50%高炉矿渣混凝土	CEM I 混凝土	30%粉煤灰混凝土	50%高炉矿渣混凝土
碎石、填土、条形基础、块状基础[a]	GEN 1 70 mm	173	124	98	75	54	43
槽型基础[a]	GEN 1 120 mm*	184	142	109	80	62	47
加筋基础[a]	RC30 70 mm‡	318	266	201	132	110	84
底层楼板[a]	RC35 70 mm†	315	261	187	133	110	79
结构：现浇楼板、上层结构、墙体、地下室[a]	RC40 70 mm‡	372	317	236	153	131	97
高强度混凝土[a]	RC50 70 mm‡	436	356	275	176	145	112
密实混凝土骨料砌块[b]	预制块		147			75	
加气混凝土砌块[b]	预制块		121			240	
一般轻骨料砌块[c]	预制块		168			120	

*　包括25 kg/m^3钢筋

†　包括30 kg/m^3钢筋

‡　包括100 kg/m^3钢筋

参考文献：

a. GEN1、RC32/40和RC40/50的ECO_2数据来源于行业认可的代表性数据，包括胶凝材料、骨料、钢筋、添加剂和适量的水

b. BRE环境档案数据库（Environmental Profiles database），英国建筑研究院（BRE），2006

c. 英国建筑研究院（BRE）BREEAM中心环境分部通讯，2005

再回收钢筋

所有英国生产的钢筋均采用100%回收钢材，可以在其生命周期末端进行再回收和再回收。[11]同样，与一般的结构钢相比，再回收钢筋具有较低的蕴能。钢筋生产时的能源消耗基本是融化和重塑钢材的能量。相对而言，英国的结构钢一般由铁矿石生产而成，这是一种能源密集型过程。其结果是每吨钢筋的输入能源（energy input）只有结构钢的一半。通常一根钢条（steel rod）的蕴能为24.6 MJ/kg，而再回收钢的蕴能为11 MJ/kg。[12]

钢材生产过程的两种主要形式是碱性氧气吹炼法（basic oxygen process）和电弧炼钢法（electric arc process）。在电弧炼钢法中，“冷”的含铁材料（通常为100%废钢）是其主要成分，需要在电熔炉中与合金熔解。而在碱性氧气吹炼法中，则是让铁水流出高炉后，与合金融合，加入超过30%的钢屑作为添加剂，以降低融化合成物的温度。两种生产过程都需要向高炉中吹入氧气，以产生化学反应，将融化的钢与杂质分开，去除掉的杂质即为矿渣（见前述高炉矿渣的生产过程）。

骨料

英国幸运地拥有丰富的骨料供应资源，在全国各地都有众多的开采地，因此经常可以在当地获取骨料，减少运输产生的影响。通常混凝土蕴能的10%是由运输造成的。对于偏远的工地而言，使用水路或火车运输能够减少产生的CO_2。伦敦市中心目前仍然用码头运输骨料，船只经由泰晤士河运来骨料，然后用火车运走。

也可以通过使用再回收骨料来减少混凝土对环境的影响。再回收骨料最主要的来源是建筑材料的再利用和工业生产废弃材料的应用，这些被称为“二次骨料”（secondary aggregate）。获取再回收骨料主要来自再加工建筑材料或过剩的建筑材料，包括瓦、砖、混凝土或是道路维护工作使用的沥青等。此类材料可能来自建筑拆除工地或专门的加工中心。如果骨料能在拆除现场进行加工则更为节省能源，可以显著降低运输成本，也减少过多运输对环境造成的影响。当对现有结构进行建设时，拆除的结构经常能够回收，用作新构筑物的骨料。

使用混凝土再回收骨料的技术需求

再回收骨料的特性与砾石相比有很大区别，再用于混凝土拌合料前需要经过认真研究。再回收骨料中污染物的极限值与各种强度和耐久性方面的情况相关，例如：

- 延缓水泥硬化的影响；
- 对钢筋的腐蚀（氯化物）；
- 吸收潮气导致的膨胀（如木材）；
- 形成钙矾石（因石膏等因素而膨胀）；
- 二氧化硅反应［如高硼硅玻璃（Pyrex glass）］；
- 抗压强度减小（如沥青）；

需要特别注意的是，使用再回收骨料的混凝土会因干燥而收缩。推荐使用可溶值（soluble value）测算氯化物的含量。对以下成分也可采用浸出限值（leaching limit）：糖类、磷酸盐、硝酸盐、锌、铅、钠、钾。根据《BS EN 1744-1：2009》由水槽浸出试验确定其数值。表10.4对最重

再回收骨料分类　表10.4

需求	类型Ⅰ	类型Ⅱ	类型Ⅲ	检测方法
最小干燥颗粒密度（kg/m³）	1500	2000	2400	BS EN 1097-6
含SSD最大重量<2200 kg/m³	—	10	10	BS EN 1744-1的13.2部分，根据ASTM（美国材料试验学会）C123文件改编
含SSD最大重量<1800 kg/m³	10	1	1	
含SSD最大重量<1000 kg/m³	1	0.5	0.5	
杂质最大含量百分比（金属、玻璃物质、焦油、碎沥青等）	5	1	1	按照BS EN 933-7经过视觉分离（visual separation）试验

注：1. BS EN 1744-1的12.2节对材料的区分只有2000 kg/m³；BS EN 933-7有分类方法，但只针对外部含量（shell content）进行了测定

2. 吸水率测试没有用于区分再回收骨料。以下仅为指导性数据，了解不同类型材料的吸水率

最大吸水率数值　表10.5

作为指导	类型Ⅰ	类型Ⅱ	类型Ⅲ	检测方法
最大吸水率数值（重量%）	20	10	3	BS EN 1097-6

要的要求进行了总结。

与天然骨料相同，按照其粒径分布（size distribution）、形状、集料反应（alkali-aggregate reaction）、物质含量进行分类，这些因素都会影响到混凝土的形成和硬化情况。粉末含量可以超过5%，其中通常不包括黏土颗粒。含硫化合物可占1%。滤取和污染的限制条件同样参考自然分类制定。

质量控制

在生产过程中，每周都要测量密度、杂质和吸水率。根据每次运输情况确定影响控制和普遍描述（类型）。每年至少对密度等级进行两次调整。

二次骨料

二次骨料一般为其他工业生产过程的副产品，且不仅限于建造行业。根据其不同来源，这些副产品可以进一步细分为人工或天然两类。人工二次骨料包括钢铁生产的炉渣和热电厂焚烧炉底部燃煤产生的煤灰，而通常自然产生的二次骨料则包括陶土生产所留下的废石料和碎料（stent）。陶土经由高压水龙分离出来，留下的花岗岩石颗粒通常被当成废料处理。一般每生产1吨陶土，就会产生4.5吨的石粒。这些留下的物质就可以作为二次骨料提供给建造行业。

图10.12 巴登骨料公司（Bardon Aggregates）利特尔约翰采石场（Littlejohn Quarry）中的碎料，位于圣奥斯特尔（St Austell）附近

使用二次骨料使得混凝土具备了强烈的地方属性。例如在英国，英格兰西南部的二次骨料可能主要含有陶土沙粒，而南威尔士、约克郡和亨伯赛德郡（Humberside）则主要含有冶金炉渣。

科尔曼街1号是伦敦斯坦诺普（Stanhope）新建的办公建筑，由其主混凝土框架，由海登·康乃尔联合建筑师事务所和大卫·沃克建筑师事务所合作设计，负责工程设计的奥雅纳公司的工程师使用了1005吨由碎料制成的二次骨料，用于项目的主混凝土框架施工。奥雅纳的布莱恩·马什（Bryan Marsh）提到："通过利用二次骨料和替代胶凝材料（PFA），混凝土整体的再回收/二次利用成分从总重量的5%增加了10倍，而价值上也从15%增加到了45%。如果算上钢筋，增加的价值已接近77%。"[13]

图10.13 科尔曼街1号（Number 1 Coleman Street）
建筑设计：海登·康乃尔联合建筑师事务所（Swanke Hayden Connell Architects），大卫·沃克建筑师事务所（David Walker Architects）

纤薄

材料和能源的成本使其成为所有设计师和建筑师的制约因素，希望在设计中尽可能通过较少的材料制成耐久而有效的部件。减少包括混凝土在内的材料的使用，与可持续性直接相关。本书第2章介绍了高性能混凝土在结构构件上的使用，第6章则介绍了如何较为经济地实现大跨度的若干措施。减少楼板所需混凝土用量及其自重的技术之一，是在其中形成空心。一些专有体系，如Bubble Deck和Cobiax，提供了完整的减少混凝土用量的楼板体系。这类技术将再回收利用的塑料球置于两层钢筋网之间，形成双向空心板。需要注意的是，形成空心的装置限制了楼板整合设备管线的可能性，在设计阶段就要考虑到这一问题；当然，加入供热及供冷的水管管网并不困难，但如果要采用嵌入式灯具，就会产生问题，需要精确调整，避开这些空心装置。

图10.14 Bubble deck——利用再回收塑料球体减少结构楼板浇筑所需混凝土量

图10.15 将混凝土平铺于Bubble deck板上

图10.16 Expertex Texile Centrum新实验室——注意突出表面的灯具

建筑设计：布鲁克·斯泰西·兰德尔（Brokes Stacey Randall），AA建筑事务所（IAA Architecten）

环境责任

水泥和混凝土行业已对其环境责任进行了坚定的承诺，持续改善该领域的表现。在英国，所有的水泥工程都至少要经过ISO 140001：2004《环境管理体系》（Environmental Management System）认证。混凝土行业联盟（Concrete Industry Alliance）于2000年提出的环境报告（*Environmental Report*）[14]，承诺水泥和混凝土行业将持续在环境方面进行改善。从1994年到1998年已经取得的进展有（每单位重量混凝土）：

- 减少2%的二氧化碳；
- 减少48%的二氧化硫；
- 减少14%的二氧化氮；
- 减少24%的颗粒物排放。

从1998年到2006年，又取得了以下进展：

- 减少29%的二氧化碳（结合1996~2006年的数据）；
- 减少46%的二氧化硫；
- 减少17%的二氧化氮；
- 减少60%的颗粒物排放。

混凝土行业持续进行改进，以提高其经济可行性（economic viability）并减少整体环境影响。2008年，英国混凝土行业公布政策，计划成为可持续建设领域的领导者；2009年，他们首次公布了年度可持续表现评估，作为其对持续改进措施的承诺。[15]

热质量的重要性

具有高热质量的材料能够缓慢地聚集及释放热能。热质量高是由高密度、高热容量和相对较低的导热系数导致的——土壤、岩石、水和混凝土等物质都具有此特性。对建筑材料热质量的利用已被认为是

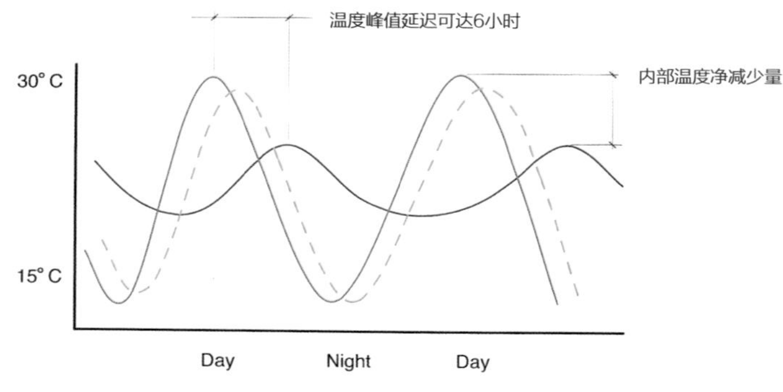

图10.17　暴露热质量形成的构造能量储存

建筑物能量储存（Fabric energy storage）的方法。

建筑物能量储存可用于调节建筑内部温度，减少空调等系统的能源消耗，吸收太阳热量，以及人体、人工照明和电气设备的热量。内部暴露的混凝土能够吸收这些得热，直到室内温度达到平衡，然后在室内温度下降的时候逐步释放能量——如此降低室温峰值，并加以延迟。所储存的能量和延迟的时间，由其体积和暴露的程度决定。为了更为有效地运用建筑物能量储存，需要采取策略以充分利用吸收和释放的集聚的能量，否则只能是简单地在夏天保持平均的热，冬天保持平均的冷。理想情况下，温度的延迟时间最好能达到12小时，并尽可能降低峰值温度。另一种可能性是实现季节性的、六个月的延迟时间，但这需要非常大的热质量，通常需要借助地温（ground temperature），即采用覆土建筑等形式。

建筑物能量储存可以通过被动或主动制冷的方式进行控制。自然通风是其中最基本的手段，但需要借助于夜间较低的室外温度。如果得热能达到30 W/m^{2}以上，自然通风有用武之地，就适合采用被动系统。单侧自然通风（single-sided ventilation）可用于平面进深为房间净高2倍的情况，而交叉通风（cross-ventilation）则适用于平面进深为房间净高5倍的情况。主动系统能够实现更高的性能，可改进控制能力，还可以在可通风系统中增加热回收功能。让水在混凝土中流过，并与地下储水箱或热交换器相连，可以增加有效热质量，并与供热系统相结合。热质量和保温的表现不同，经常是互补的，不应混淆二者的功能。材料拥有高热质量，源于其密度，但因此其绝热性能相对较差，而高绝热性能的材料，通常具有较低的热质量。保温层对热量的流动进行阻止；热质量则是吸收热量。

蕴能尽管对于建筑材料的选择有重要影响，但比起典型的20世纪后期建筑消耗的能量还是相当节省的，也算一种相对较小的投资。例如，一栋4～6层的建筑，预期寿命为60年，其构筑材料的生产的环境影响只有10%，其余90%的环境影响都来自建筑的供暖、制冷和照明。可以通过采用更高标准的保温方式，并增加热质量，通过建筑设计实现更为有效的自然采光、控制太阳得热等措施来改进这一状况。对于设计时就决定其运行成本较低、能耗较低的建筑，建造蕴能就成为更为明显的因素了，会影响建筑师的设计决策。如果将混凝土结构和钢结构进行对比，混凝土框架的平均蕴能为1.5 ~ 2.5 GL/m^2，而钢结构的蕴能为2.6 ~ 2.9 GL/m^2。[16]

为了让混凝土能够更为有效地吸收热量，混凝土楼板、墙体或柱子朝向室内的内表面必须暴露出来，而不能用吊顶和面层遮蔽。这给了建筑师美学上的机会，能够直接表达建筑的整体特性。通过控制混凝土楼板的形式和面层，增加混凝土的表面积，可以尽量增加其吸热能力，有助于自然采光，并与人工照明相结合。其中最基本的要求是将楼板的底面暴露出来，让所有使用者在视线中都能看到底面。

暴露的底板可以用浅色粉刷，以便将阳光反射到建筑内部。通过有效利用自然光，减少人工照明的需求。可以通过使用白水泥或高炉矿渣水泥让混凝土本身拥有浅色。一些案例，如由迈克尔·霍普金斯建筑师事务所设计的诺丁汉税务局用矿物涂料将混凝土刷成浅色，用以反射自然光和顶部的灯光。清水混凝土表面的颜色由其拌合料、使用模板和制作方式决定（见第2章和第3章）。

由贝内茨事务所设计的沃里克郡的Powergen运营总部于1994年建成，是英国首批在室内暴露混凝土结构以获取热质量的办公建筑之一（见图10.1）。夜间通过由楼宇控制系统操控的电动窗子进行冷却。这一方法的优点之一，是必须采用清水混凝土——作为一个建筑室内而言，避免了业主或未来的租户通过室内设计添加二次饰面的问题。在2003年的莱伯金讲座（Lubetkin lecture）中，拉布·贝内茨谈到用混凝土建造的低能耗建筑，同时能拥有高质量的室内环境，“在办公建筑类型中，提供了机会重新确立建筑的真实性”。[17]（关于Powergen楼的现场预制楼板的细节，详见第3章）。混凝土楼板底面将管道和照明结合于其中，具有船一般的曲线轮廓。贝内茨提到：“混凝土凹槽成为这个项目的标志——作为工程、经济、结构，当然最重要的还是建筑空间的集成体现。”[18] 威塞克斯供水公司（Wessex Water），同样也由贝内茨事务所设计，采用了类似的环境策略，并获得了由英国建筑研究院（BRE）BREEAM 98办公建筑颁发的杰出环境评价奖。在室内应用清水混

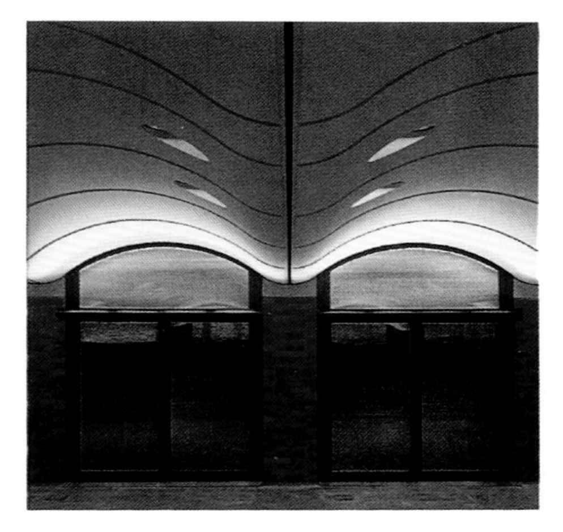

图10.18 诺丁汉税务局（Inland Revenue Building on Nottingham）
建筑设计：迈克尔·霍普金斯建筑师事务所（Michael Hopkins Architects）

图10.19 爱丁堡大学包特罗学院信息广场，利用清水混凝土框架、墙体和楼板获得热质量
建筑设计：贝内茨建筑师及合伙人事务所

凝土，使建筑师能将建筑的性能与美感结合到一起。

任何建筑中，最有价值的财产都是其中的人。知识型经济更是着重于强调这一点。在21世纪，我们需要携手设计既舒适又给人愉悦的办公建筑，提供利于互动的人性化的建筑。由贝内茨事务所设计的爱丁堡大学包特罗学院，可作为这种方式的一个实例，它与占据当今建筑出版物主流的形式主导的建筑，形成富有时代性而显著的对比。

建于2008年的包特罗学院，是一座采用平板的简明的现浇混凝土建筑，其基本跨度为6.5 m或7.5 m，只有底层的会议室因为采用肋形楼板（down stand）和后张力技术而实现了13 m的净跨度。完全暴露出来的剪力墙和混凝土楼板底面提供了热质量；同时，由于该建筑的使用非常频繁，其低能耗措施中的重要组成部分，是有助于夜间制冷的热飞轮（thermal flywheel）。某些学者可能在办公室内拥有8台电脑。因此有必要通过机械通风进行废热回收，将空气抽到中庭内，然后在较高的位置排放出去，由此形成烟囱效应。教师和学生可以在办公室内开窗，进行自然通风。暴露的混凝土楼板底面受爱德华多·包洛奇的画作《图灵》的启发，涂刷成鲜艳的颜色。这些在两层高的小型中庭中尤其明显，这里已经成为教师日常会议的重要场所。顶棚使得自然光晕染上柔和而闪耀的色彩，满溢到周围的空间中。关于包特罗学院饰面的细节，可参考本书第9章。

信息广场，是贝内茨建筑师及合伙人事务所结合其过去20年在低成本、低能耗、高质量办公建筑领域的丰富经验而设计的一座出色的高等教育建筑，是一座灵活、持久而人性化的建筑。只有赫兹伯格设计的荷兰Apledoorn的比希尔中心办公楼活跃的社交空间，能与信息广场周边的空间相提并论。

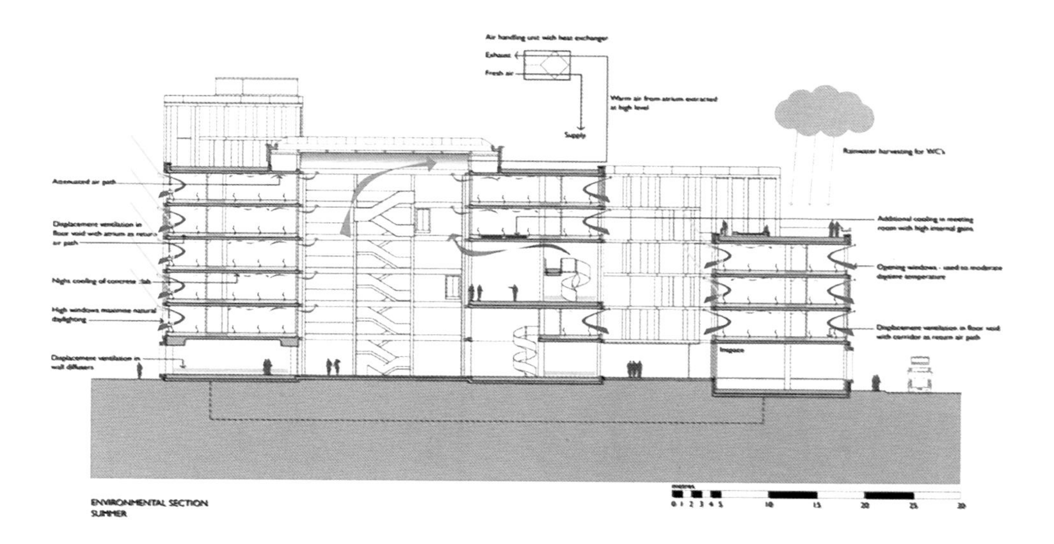

图10.20 爱丁堡大学信息广场——夏季通风措施

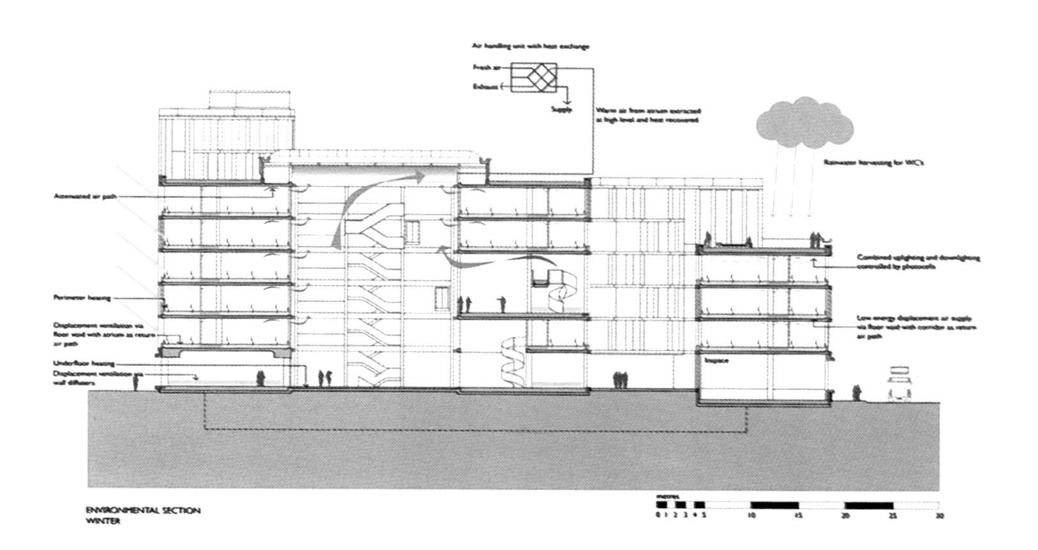

图10.21 爱丁堡大学信息广场——冬季通风措施

图10.22　加利福尼亚旧金山联邦大厦（The United States Federal Building）西北立面
建筑设计：Morphosis建筑事务所
工程设计：奥雅纳工程顾问及合伙人公司

在加利福尼亚实现凉爽

加利福尼亚旧金山联邦大厦，是美国首批可以达到70年以上自然通风的重要办公建筑之一。办公楼由Morphosis建筑事务所设计，是美国总务管理局（GSA，General Servies Administration）的办公楼，

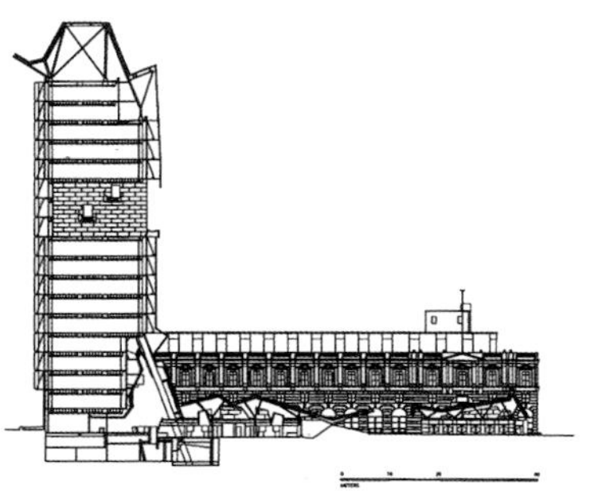

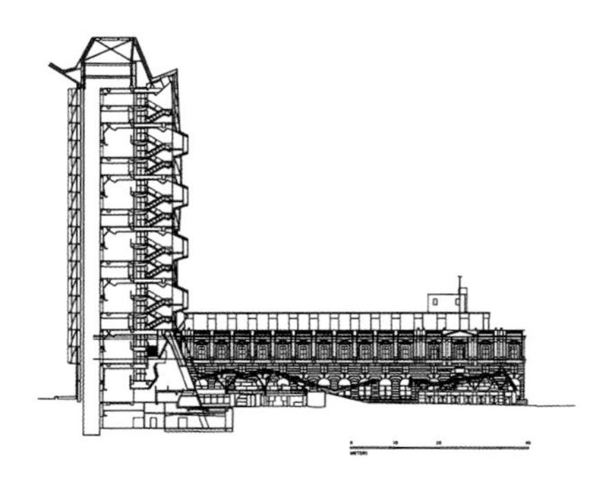

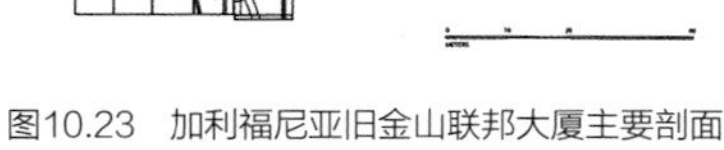

图10.23　加利福尼亚旧金山联邦大厦主要剖面

图10.24 加利福尼亚旧金山联邦大厦的空中花园

其5层以上均为自然通风，提供了高品质的办公空间，只需要消耗较少的一次能源即可形成舒适的环境。室内暴露的混凝土结构是实现舒适性的重要构件，便于提供足够的热质量，可用于每天的能量储存。Morphosis的创始人汤姆·梅恩（Thom Mayne），针对这个项目的设计写道：

> “当建筑融入了社会、文化、政治、伦理等种种趋势之后，就有必要改变世界和我们所处的环境。对我来说，这个项目是一个乐观主义建筑的缩影：建筑综合了种种复合的力量，并形成融洽的整体。”[19]

该联邦大厦得到了GSA能源中心的指导，其能耗只相当于一般GSA办公楼的45%。能源需求得以减少，主要是由于三个方面的环境措施，而这些措施都与办公楼的建筑本身密切相关：将自然采光的效应最大化；控制太阳得热；与计算机控制的自然通风相结合。自然通风的楼层消耗的电能为每年每平方米86.9 kWh。照明通常是办公楼最大的能源需求。旧金山联邦大厦的高层板楼非常纤细，高18层，但进深只有19.8 m，便于自然采光和空气对流。结合一般楼层3.25 m以上的室内净高，可以使85%的办公场所都得到自然采光。办公室同时也能为使用者展现旧金山的城市全景。作为管理全美国联邦政府办公楼的机构，GSA很需要以这样一座低能耗办公楼作为它的代表。高性能的立面在是节能的关键，同时也能创造舒适的办公环境。

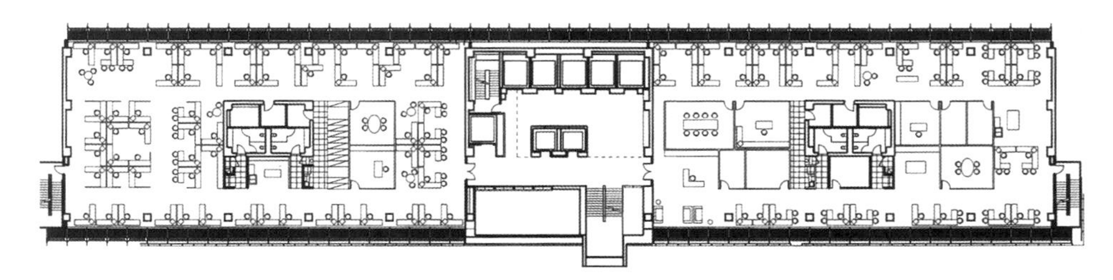

图10.25 加利福尼亚旧金山联邦大厦主要平面

图10.26 加利福尼亚旧金山联邦大厦的典型办公室——有相当多的太阳得热透过双层立面进入室内

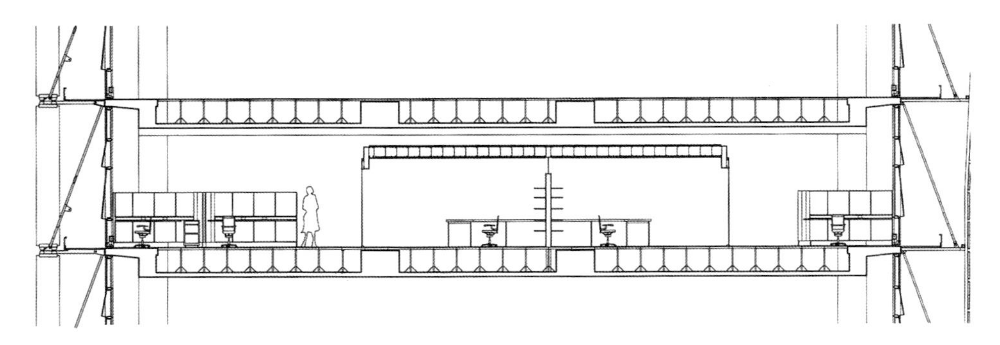

图10.27 加利福尼亚旧金山联邦大厦的典型办公楼层剖面

图10.28　美国联邦大厦外露的波浪形混凝土拱腹

板楼的东南立面采用穿孔不锈钢遮阳板避免过多的太阳得热。西北立面则为双层立面，设有固定半透明玻璃百叶，内层为可开启的双层玻璃窗。这些有气候针对性的立面成为这座公共建筑的板楼设计的出发点。

办公室的楼板底面为波浪形的清水混凝土，用以提供所需的热质量。混凝土在夜间通过楼宇控制系统自动开启的通风口得到冷却。建筑室内通过清水混凝土获得热质量，这在贝内茨事务所设计的沃里克郡的Powergen运营总部，以及迈克尔·霍普金斯建筑师事务所设计的诺丁汉税务局都曾经出现过。当然，如果知道其结构工程设计是由奥雅纳公司完成的就不会觉得惊讶了。奶油色的混凝土楼板底面由拌合料中的高炉矿渣形成，它替代了50%的硅酸盐水泥。使用高炉矿渣和炼铁工业副产品通常会增加混凝土蕴含的CO_2，该项目通过使用来自韩国的高炉矿渣降低了蕴含的CO_2。

在21世纪，人类能够享受到千年来建造技术，以及新的数字设计和数字模拟性能所带来的优势。我们共同的责任是一起让建筑更好地服务于我们多样化的文化，并保持我们这个星球——地球的可持续发展。混凝土，这种古老而又崭新的材料，将在可持续的人类生态学中扮演重要的角色。

注释

第1章　可塑性

1. Zaha Hadid quoted by Jonathan Glancey in 'I don't do nice', *The Guardian*, 9 October 2006, p. 21.
2. Yvenes, M. and Madshus, E. (eds) (2008) *Architect Sverre Fehn: Intuition, Reflection, Construction*, The National Museum of Art, Architecture and Design, Oslo, pp. 122–123.
3. For more information on Castlevecchio and the work of Carlo Scarpa, see Richard Murphy (1990) *Carlo Scarpa and Castlevecchio*, Butterworth Architecture.
4. Le Corbusier (1987) *The Decorative Arts of Today*, MIT Press, p195, translated by James Dunnett.

第2章　拌合料

1. Richard S. Wurman (1986) *What Will Be Has Always Been. The Words of Louis I Kahn*, Rizzoli, p. 152.
2. In accordance with ISO 14688.
3. Yvenes, M. and Madshus, E. (eds) (2008) *Architect Sevrre Fehn: Intuition, Reflection, Construction*, The National Museum of Art, Architecture and Design, Oslo, p. 46.
4. David Bennett (2007) *Architectural Insitu Concrete*, RIBA Publications.
5. Concrete Industry (2009) *Sustainability Performance Report*, MPA.
6. David Bennett (September 2003) *Concrete Quarterly*, 205, pp. 10–13.
7. Paul Scott via email 2006.

第3章　现浇+预制

1. Tadao Ando interviewed in *Concrete Quarterly*, 217, Autumn 2006, p. 6.
2. Ian Lambot (1985) *The Construction: The New Headquarters for the HongKong and Shanghai Banking Corporation*, Dragages et Travaux Publics.
3. Rupasinghe R. and Nolan É. (2007) *Formwork for Modern, Efficient Concrete Construction*, BRE Press.
4. ibid.
5. Paul Scott via email 2006.
6. Thomas W. Leslie (2003) Form as Diagram of Forces: The Equiangular Spiral in the Work of Pier Luigi Nervi, *Journal of Architectural Education*, 57(2), pp. 45–54.
7. Concrete Industry (2009) *Sustainability Performance Report*, MPA.
8. Nikolaus Hirsh's comments recorded in David Bennett (2005) *The Art of Precast Concrete*, Birkhäuser, p. 114.
9. Goodchild, C. H. and Glass, J. (2004) *Best Practice Guidance for Hybrid Concrete Construction*, Concrete Centre. Note the DTI was replaced by the Department for Business, Enterprise and Regulatory Reform and the Department for Innovation, Universities and Skills in June 2007.
10. Michael Stacey was the partner in charge of Ballingdon Bridge at Brookes Stacey Randall Architects.
11. Michael Stacey (2007) *Searching For Excellence: Ballingdon Bridge*, ARQ, Vol.11, No.3/4, Cambridge University Press, pp 210–222.
12. Michael Stacey (July/August 2005) In My Craft and Sullen Art, *AD Special Edition: Design Through Making* (edited by Bob Sheil), Wiley, pp. 38–47.

第4章　模板+饰面

1. Andrea Deplazes (ed.) (2005) *Constructing Architecture*, Birkhäuser, p. 57.
2. Based on a typology from Pfeifer, G., Liebers, A. M. and Brauneck, P. (2005) *Exposed Concrete: Technology and Design*, Birkhäuser.
3. CONSTRUCT (2010) *The National Structural Concrete Specification (NSCS)*, Concrete Structures Group.
4. Andre Bartak and Mike Shears (1972) The Emley Moor Television Tower, *The Structural Engineer*.
5. Helen Elias (2005) Fast-track new-build gets tunnel vision, *Concrete Quarterly*, 211 (spring) pp. 4–6.
6. Alan Chandler and Remo Predreschi (eds) (2007) *Fabric Formwork*, RIBA Publications.
7. Daniel Rosbottom quoted by Helen Elias (2005) The haphazard history of intervention was instrumental in dictating the approach of the architects, *Concrete Quarterly*, 214 (Winter).
8. Author's interview of Alan Jones, Belfast, 2006.
9. Peter Guillery (1993) The Buildings of London Zoo, *London Zoo*, p. 43.
10. Canply state: 'MDO plywood for concrete formwork provides a superior concrete finish with a smoother, whiter, matte-finish that resists grain and patch transfer. Harder, denser concrete surface resulting from a constant water/cement ratio maintained by the overlay's low water transmission rate. Depending on conditions of use, MDO panels are 20% to 40% stronger than standard Douglas Fir panels of the same thickness.' www.canply.org/english/products/overlaidplywood.htm (accessed in August 2009).
（原著未见此注释号.）
11. Graham Bizley (2009) Quirky detailing and a clever use of poured concrete give this new community centre a dramatic impact, *Concrete Quarterly*, 228 (Summer).
（原著未见此注释号.）
12. Adam Caruso quoted by Kieran Long (2009) Arts & Crafts, *Architects Journal*, 12.11.09, p. 29.

第5章　基础

1. David Bennett (ed.) (2006) 04 Residential Delights, in *Concrete Elegance One*, Concrete Centre with RIBA Publications, p. 21.

2 At times it appears that the idea of structuring a work is more clearly understood by other disciplines, be it the organisation of a scientific investigation or the structure of a novel or an essay. This particularly applies to the contemporary teaching of architecture.
3 Sourced from Brookers, O. (2006) *Concrete Buildings Scheme Design Manual*, Concrete Centre.
4 Ibid.
5 Ibid.
6 Ibid.
7 Alan M. Jones (2006) Placing low energy architecture in a low cost economy, *Proceedings of PLEA2006 – the 23rd Conference on Passive and Low Energy Architecture*, Geneva, Switzerland, 6–8 September 2006.
8 Tony Butcher (2007) *Ground Source Heat Pumps*, IHSBREE Press for the NHBC Foundation.
9 Dunster, B., Simmons, C. and Gilbert, B. (2008) *The ZEDbook*, Taylor & Francis.
10 Butcher, A. P., Powell, J. J. M. and Skinner, H. D. (2006) *Reuse of Foundations in Urban Sites*, BRE Press.
11 For more details of this project see Colin Davies (1993) *Hopkins 1: The Work of Michael Hopkins and Partners*, Phaidon.

第6章　框架

1 Le Corbusier (1926) *Five Points of Modern Architecture*, Almanach de l'Architecture Moderne, Paris. Reprint of the 1926 edn published by G. Crès, Paris, in series *Collection de L'Esprit nouveau* (1975), Bottega D'Erasmo, Turin.
2 Goodchild C. H., Webster R. M. and Elliott K. S. (2009) *Economic Concrete Elements to Eurocode 2*, Concrete Centre.
3 Nikolaus Pevsner (1951) *The Buildings of England*, Penguin (second edn revised by Elizabeth Williamson (2003) Yale University Press), p. 70.
4 Ibid.
5 For more information on this project see David Cottam, (1986) *Sir Owen Williams 1890–1969*, Architectural Association, pp. 71–83.
6 Goodchild, C. H. *et al.* (2009) op. cit.

第7章　墙体+砌块

1 Frank Lloyd Wright (1932) *An Autobiography*, Pomegranate Communications (2005 edn), p.
2 Susan Dawson (2003) Ipswich Town on the ball with new stand, *Concrete Quarterly*, 206 (Winter), pp. 8–12.
3 Arnulf Lüchinger (1987) *Herman Hertzberger: Buildings and Projects*, Arch-Edition, p. 87.
4 Robust Details Ltd (2009) *Robust Details Handbook Edition 3*, Robust Details Limited.
5 Sean Smith (2010) *How to Achieve Acoustic Performance in Masonry Homes*, Concrete Centre.
6 Robust Details Ltd (2009) op. cit.

第8章　纤薄+形式

1 Fred Angerer (1960) *Surface Structures in Building, Alec Tiranti* (English edn translated by W. Redlich), p. 1.
2 Franz Hart (1951) H*ochbaukonstrktion für Architekten* – quoted in English by Angerer (1960) ibid., pp. 3–4.
3 Kenneth Frampton (1995) *Studies in Tectonic Culture: The Poetics of Construction in Nineteenth and Twentieth Century Architecture: Studies in Tectonic Culture*, MIT Press, pp. 267–268 (2001 edn).
4 Ibid., p. 273.
5 Ibid., p. 273.
6 Ibid., p. 278.
7 Ibid.
8 Ibid., pp. 281–283.
9 Román A. (2002) *Eero Saarinen: An Architecture of Multiplicity*, Laurence King, p. 191.
10 Kenneth Frampton (1995) op. cit., p. 273.
11 Jørn Utzon in conversation with Torsten Blødal from Jørn Utzon (2005) *Log Book Volume 11*, Bagsvaerd Church, Edition Blødal.
12 Kenneth Frampton (1995) op. cit., p. 292.
13 Jørn Utzon in conversation with Torsten Blødal from Jørn Utzon (2005) *Log Book Volume 11*, Bagsvaerd Church, Edition Blødal.
14 Ibid.
15 Quotation attributed to Richard Rogers, see Barbie Campbell Cole and Ruth Elias Rogers (eds) (1985) *Richard Rogers + Architects, Architectural Monographs*, p. 78; copyright Richard Rogers & Partners.

第9章　细部

1 Tadao Ando (2006) interviewed in *Concrete Quarterly*, (Autumn), p. 7.
2 The scientific evidence for climate change created by human industry is evident, the Intergovernmental Panel on Climate Change *Fourth Assessment Report* (AR4) states 'Warming of the climate system is unequivocal, as is now evident from observations of increases in global average air and ocean temperatures, widespread melting of snow and ice and rising global average sea level.' Intergovernmental Panel on Climate Change, *Fourth Assessment Report (AR4), Synthesis Report*, p. 30.
3 Approved Document L1A (2010) NDS, p. 16.
4 The Concrete Centre (2008) *Energy and* CO_2*: Achieving Targets with Concrete and Masonry*, The Concrete Centre.

5 Mario Cucinella interviewed by the author in Nottingham, 2008.
6 For further information on the School in Paspels by Architect Valerio Olgiati see Deplazes, Andrea (ed.) (2005) *Constructing Architecture: Materials Processes Structures: A Handbook*, Birkhäuser, pp. 332–340.
7 Rollo, J. (ed.) (2005) Double Church of Two Faiths, *C+A*, Issue 1, Australia, p. 15.
8 ibid.
9 Alan J. Brookes (1983) *Cladding of Buildings*, Construction Press.
10 C. Stirling (2002) *Thermal Insulation: Avoiding Risks*, British Research Establishment.

第10章　可持续性

1 Rab and Denise Bennetts via email to the author, 2008.
2 Jonathan Glancey (2006) Tate Modern 2: The Epic Sequel, *The Guardian*, 26 July 2006.
3 Christian Hanak and Eva Ørum (eds) (2008) *New Architecture in Copenhagen*, Danish Architecture Centre.
4 David Wright (2009) Whole-Life Costs Concrete vs Steel, *Building Magazine*, 23 June 2009 (available as a reprint/pdf from www.concretecentre.com).
5 German Federal Ministry of Transport, Building and Housing (2001) *Guideline for Sustainable Building, Federal Office for Building and Regional Planning*, edited from pp. 6.11–6.18.
6 Building Cost Information Service (2006) *Life Expectancy of Building Components: A Practical Guide to Surveyors' Experiences of Buildings in Use*, 2nd edn, Building Cost Information Service.
7 Leadership in Energy and Environmental Design (LEED) is run by the US Green Building Council, see www.usgbc.org.
8 Mike Gilbert (2007) *BCA Performance*, British Cement Association.
9 Dr Denis Higgins (2006), *Sustainable Concrete: How Can Additions Contribute?*, The Institute of Concrete Technology, Annual Technical Symposium, 28 March 2006.
10 Ibid.
11 Glass, J. (2001) *Ecoconcrete: The Contribution of Cement and Concrete to a More Sustainable Built Environment*, British Cement Association, p. 17.
12 Hammond, G. and Jones, C. (2006) *Inventory of Carbon & Energy (ICE) version 1.6a*, Department of Mechanical Engineering, University of Bath.
13 Bryan Marsh (2006) Arup trailblazes recycled material, *Concrete Quarterly*, 217, (Autumn), pp. 4–5.
14 Concrete Industry Alliance (2000) *Environmental Report for the UK Concrete Industry 1994–1998*, Concrete Industry Alliance.
15 The Concrete Industry (2009) *Sustainable Performance: 1st Report*, The Concrete Centre.
16 Glass, J. (2001) *Ecoconcrete: The Contribution of Cement and Concrete to a More Sustainable Built Environment*, British Cement Association, p. 13.
17 Rab Bennetts *Bennetts Associates Architects*, Lubetkin Lecture, October 2003, unpublished pdf of this lecture supplied by Rab Bennetts.
18 Ibid.
19 Personal communication: email to the author dated 25 November 2008 from Morphosis, Santa Monica, California.

补充书目

Abel, Chris (1991) *Architecture In Detail: Renault Centre*, Phiadon.

Ando, Tadao (ed. Francesco Dal Co) (1998) *Tadao Ando: Complete Works*, Phaidon.

Angerer, Fred (1961) *Surface Structures In Building: Structure and Form*, Alec Tiranti Ltd.

Atelier Kinold Office (2000/01) *Building in Concrete*, München, Atelier Kinold.

Austin, C. K. (1960; 3rd edn 1978) *Formwork to Concrete*, Macmillan and Co. Ltd.

Bartak, Andre and Shears, Mike (1972) The Emley Moor Television Tower, *The Structural Engineer*, February.

Bechthold, Martin (2008) *Innovative Surface Structure: Technologies and Applications*, Taylor & Francis.

Bennett, David (2005) *The Art of Precast Concrete*, Basel, Birkhäuser.

Bennett, David (ed.) (2006) *Concrete Elegance One*, Concrete Centre with RIBA Publications.

Bennett, David (ed.) (2006) *Concrete Elegance Two*, Concrete Centre with RIBA Publications.

Bennett, David (ed.) (2007) *Concrete Elegance Three*, Concrete Centre with RIBA Publications.

Bennett, David (2007) *Architectural Insitu Concrete*, RIBA Publications.

Bennett, David (2009) *Concrete Elegance Four*, Concrete Centre with RIBA Publications.

Brookes, Alan J. (1973; 6th edn 2000) *Cladding of Building*, Spon.

Brooker, O. (2006) *Concrete Buildings Scheme Design Manual*, Concrete Centre.

Butcher, Tony (2007) *Ground Source Heat Pumps*, IHSBREE Press for NHBC Foundation.

Chandler, Alan and Predreschi, Remo (ed.) (2007) *Fabric Formwork*, RIBA Publications.

Cook, Peter (1985) Richard Rogers + Architects, Academy Editions.

Dawson, Susan (2003) *Cast In Concrete (A Guide to Precast Concrete and Reconstructed Stone)*, The Architectural Cladding Association.

Deplazes, Andrea (ed.) (2005) *Constructing Architecture: Materials Processes Structures: A Handbook*, Birkhäuser.

Dernie, David (2003) *New Stone Architecture*, Laurence King.

Dunster, Bill, Simmons, Craig and Gilbert, Bobby (2008) *The ZEDbook,* Taylor & Francis.

Everett, Alan and Baritt, C. H. M. (1994) *Mitchell's Materials*, Longman Group UK Ltd.

Faber, John and Alsop, David (1976; 6th edn 1979) *Reinforced Concrete Simply Explained*, Oxford University Press.

Ford, Edward, R. (1990) *The Details of Modern Architecture*, MIT Press.

Ford, Edward, R. (1996) *The Details of Modern Architecture, Volume. 2: 1928–1988*, MIT Press.

Foster, Jack Stroud (1973; 6th edn 2000) *Mitchell's Structure and Fabric Part 1*, Longman Group Ltd.

Frampton, Kenneth (1995) *Studies in Tectonic Culture: The Poetics of Construction in Nineteenth and Twentieth Century Architecture*, MIT Press.

Gilbert, Mike (2007) *BCA Performance 2007*, British Cement Association.

Goodchild, C. H. and Glass, Jacqueline (2004) *Best Practice Guidance for Hybrid Concrete Construction*, Concrete Centre.

Goodchild, C. H., Webster, R. M. and Elliott, K. S. (2009) *Economic Concrete Elements to Eurocode 2*, Concrete Centre.

Glass, Jacqueline (2001) *Ecoconcrete: The Contribution of Cement and Concrete to a More Sustainable Built Environment*, British Cement Association.

Gordon, J. E. (1978) *Structures: or Why Things Don't Fall Down*, Penguin Books Ltd.

Groàk, Steven (1992) *The Idea of Building*, Spon.

Guillery, Peter (1993) *The Buildings of London Zoo*, London Zoo.

Hammond, G. and Jones, C. (2006) *Inventory of Carbon and Energy (ICE) version 1.6a*, Department of Mechanical Engineering, University of Bath.

Hanak, Christian and Ørum, Eva (eds) (2008) *New Architecture in Copenhagen*, Danish Architecture Centre.

Hawkes, Dean (2006) *The Environmental Imagination*, Taylor and Francis.

Huxtable, Ada Louise (1960) *Masters of World Architecture*, Fredrick A. Praeger.

Kind-Barkauskas, Friendbert, Kauhsen, Bruno, Polónyi, Stefan and Brandt, Jörg (2002) *Concrete Consruction Manual*, Birkhäuser.

Lambot, Ian (1985) *The Construction: The New Headquarters for the HongKong and Shanghai Banking Corporation*, Dragages et Travaux Publics.

Lancaster, Lynne C. (2005) *Concrete Vaulter Construction In Imperial Rome*, Cambridge University Press.

Leslie, Thomas W. (2003) Form as Diagram of Forces: The Equiangular Spiral in the Work of Pier Luigi Nervi, *Journal of Architectural Education.*

Lipman, Jonathan (1986) *Frank Lloyd Wright and the Johnson Wax Building*, Rizzoli.

Littlefield, D. (2006) Thin Floors Create Roomy, Flexible Offices, *Concrete Quarterly*, 217, Autumn.

Lüchinger, Arnulf, (1987) *Herman Hertzberger: Buildings and Projects*, Arch-Edition.

MacDonald, William L. (1976) *The Pantheon: Design, Meaning and Progeny*, Penguin Books Ltd.

Melet, Ed (2002) *The Architectural Detail*, NAi Publishers.

Murphy, Richard (1990) *Carlo Scarpa and Castlevecchio*, Butterworth Architecture.

Ohno, Taiichi (1988) *Toyota Production System: Beyond Large-Scale Production*, Productivity Press.

Peck, Martin (ed.) (2006) *Concrete: Design, Construction, Examples*, Birkhäuser.

Pfeifer, Gunter, Liebers, Antie M.and Brauneck, Per (2005) *Exposed Concrete*, Birkhäuser.

Pevsner Nikolaus (Second edn revised by Elizabeth Williamson) (1951) *The Buildings of England, Nottinghamshire*, Penguin (Yale University Press, 2000).

Raafat, Aly Ahmed (1958) *Reinforced Concrete In Architecture*, Reinhold Publishing Corp.

Rangan, B. V. and Warner, R. F. (1996) *Large Concrete Buildings*, Longman Group Ltd.

Román, Antonio (2002) *Eero Saarinen: An Architecture of Multiplicity*, Laurence King.

Rollo, Joe (2004) *Concrete Poetry: Concrete Architecture*, Cement Concrete and Aggregates Australia (CCAA).

Rollo, Joe (ed.) (2005) Double Church near Freiburg, *C+A*, Issue 01, Cement Concrete Aggregates Australia.

Rupasinghe, R. and Nolan, É. (2007) *Formwork for Modern, Efficient Concrete Construction*, BRE Press.

Sheil, Bob (ed.) (2005) *AD Special Edition: Design Through Making*, July/August.

Smith, Sean (2010) *How to Achieve Acoustic Performance in Masonry Homes*, Concrete Centre.

St John Wilson, Colin *et al.* (2006) *Sigurd Lewerentz*, Electa Architecture.

St John Wilson, Colin (2007) *The Other Tradition of Modern Architecture: The Uncompleted Project*, Black Dog Publishing.

Stirling, C. (2002) *Thermal Insulation: Avoiding Risks*, BRE Press.

Utzon, Jørn *et al.* (ed.) (2005) *Jørn Utzon Log Book Volume 11*, *Bagsvaerd Church*, Edition Bløndal.

Young, John (1978) *Designing with GRC: A Briefing Guide for Architects*, The Architectural Press Ltd.

Yvenes, M. and Madshus, E. (ed.) (2008) *Architect Sverre Fehn: Intuition, Reflection, Construction*, The National Museum of Art, Architecture and Design, Oslo.

Wurman, Richard S. (1986) *The Words of Louis I Kahn*, Rizzoli.

其他信息来源

Building Research Establishment (2001) *Corrosion of Steel in Concrete - Protection and Remediation*, BRE Digest 444, BRE Press.

Building Maintenance Information (2001) *Life expectancy of Building Components. Surveyors' Experiences of Building in Use. A Practical Guide*, Building Cost Information Service Ltd.

CIRIA (1984) *Design of Shear Walls in Buildings*, CIRA Report 102, CIRIA.

Concrete Centre (2008) *Energy and CO_2: Achieving Targets with Concrete and Masonry*, Concrete Centre.

Concrete Industry (2009) *Sustainability Performance Report*, MPA.

Concrete Society (1986) *Concrete Detail Design*, Concrete Society with The Architectural Press.

CONSTRUCT (2010) *The National Structural Concrete Specification (NSCS)*, Concrete Structures Group.

选取网站

Canadian Plywood: www.canply.org

Concrete Centre: www.concretecentre.com

Concrete Quarterly Archive online (1947 to present): www.concretecentre.com

European Ready Mixed Concrete Organization: www.ermco.eu

US Green Building Council: www.usgbc.org

主要标准和规范

Building Regulations for England and Wales, Approved Documents Part A to P (see www.planningportal.gov.uk/england/professionals/buildingregs/technicalguidance/bcapproveddocumentslist for the latest versions and detailed descriptions).

BS 6100-6.5:1987 *Glossary of building and civil engineering terms. Concrete and plaster. Formwork*

BS 6073-1: 1981 *Precast concrete masonry units. Specification for precast concrete masonry units*

BS 8007:1987 *The Code of Practice for the Design of Concrete Structures Retaining Aqueous Liquids*

BS 8500-1: 2006 *Concrete. Complementary British Standard to BS EN 206-1. Method of specifying and guidance for the specifier*

BS 8500-2: 2006

BS 8110-1:1997 *Structural use of concrete. Code of practice for design and construction*

BS EN 197-1: 2000 *Cement. Composition, specifications and conformity criteria for low heat common cements*

BS EN 933-7: 1998, *Tests for geometrical properties of aggregates. Determination of shell content. Percentage of shells in coarse aggregates*

BS EN 1097-6:2000, *Tests for mechanical and physical properties of aggregates. Determination of particle density and water absorption*

BS EN 1744-1: 2009 *Tests for chemical properties of aggregates. Chemical analysis*

BS EN 1991-1-1:2002 Eurocode 1: Actions on structures – Part 1-1: *General actions – Densities, self-weight and imposed loads*

[UK National Annex to Eurocode 1 Actions on structures – Part 1-1 : 2005,: *General actions – Densities, self-weight and imposed loads*]

BS EN 1992-1-1:2004 Eurocode 2: Design of Concrete Structures– Part 1-1: *General – Common rules for building and civil engineering structures*

BS EN 1992 -1-2:2004 Eurocode 2: *Structural Fire Design*

BS EN 12620: 2002 *Aggregates for Concrete*

BS EN 13263-1:2005+A1:2009 *Silica fume for concrete. Definitions, requirements and conformity criteria*

BS EN 15167-1: 2006 *Ground granulated blast furnace slag for use in concrete, mortar and grout. Definitions, specifications and conformity criteria*

European Union's Energy Performance of Buildings Directive (EPBD), see www.diag.org.uk

DIN V 18500:2006-12 *Cast stones - Terminology, requirements, testing, inspection*

ISO 140001: 2004, *Environmental Management Systems - Specification with guidance for use*

PD 6682-1:2003, *Aggregates. Aggregates for concrete. Guidance on the use of BS EN 12620*

图片来源

Daici Ano, 4.56–4.58
Adams Kara Taylor, 1.14–1.18, 3.5
ARK-house arkkitehdit Oy, 4.61
Ove Arup & Partners, 1.4,1.5, 1.10, 4.15, 8.12–8.15
Klaus Bang, 2.16
Sue Barr, 4.52, 4.53
BASF, 4.26–4.29
Bennetts Associates, 3.22, 3.23, 6.1, 6.27, 9.8, 9.10–9.12, 10.20, 10.21
Benson and Forsyth Architects, 9.27, 9.29
Hervé Biele, 10.6–10.10
Hélèn Binet, 2.22, 4.62, 8.28, 9.26, 10.13
Bison Concrete, p.143 (top)
Roger Bullivant, 5.8–5.10
Fekix Borkenau, 1.6
Tim Boyd, 1.2
Brookes Stacey Randall, 5.11
Brookes Stacey Randall and IAA Architecten, 3.16–3.18, 10.16
Caruso St John Architects, 4.63
Alan Chandler/Dirk Lellau 4.20–4.22
Peter Cook, 3.24, 10.1
Civil & Marine, 2.10
David Chipperfield Architects 8.34, 8.35
Mario Cucinella Architects, 9.21–9.25
Williem Diepraam, 7.15
Thomas Dix, 9.2
drdh Architects, 4.34, 4.41
dRMM Architects, 5.1
Fawn Art Photography, 7.4
Ralph Feiner, 9.17
Guy Fehn, 1.8,1.9
Elizabeth Felicella, 2.1
Foster & Partners, 4.13,4.14, 4.11, p.141, 7.12
Eldridge Smerin, 4.37, 4.42, 4.43
Roger Gain, 2.6, 2.7
Chris Gascoingne, 3.1
Dennis Gilbert, 2.12
David Grandorge, 3.31
Rolande Hable, 3.13–15, 8.32, 8.33
Martine Hamilton Knight, 3.20, 6.19, 10.18
Michael Has, 1.16
Herman Hertzberger, 7.13, 7.14, 7.16
Werner Huthmacher, 1.1
Keith Hunter, 9.9, 10.19
Alan Jones Architects, 4.44–4.47
Ben Johnson, 3.3
Klaus Kinold, frontispiece
Ian Lambot, 3.4
Nic Lehoux, 10.22, 10.24, 10.26, 10.28
Thomas Leslie, 3.8
Jens Lindhe, 9.31
Thomas Mayer, 9.42, 9.43
Morphosis, 10.23, 10.25, 10.27
Adam Mørk, 9.30
Valerio Olgiati, 9.33–9.36
Peri, 4.6, 4.7 (drawings)
Piano and Rogers, 8.31
Remo Predreschi, 4.23
Price & Myers, 2.20
Richard Rogers and Partners, 7.8–7.10, 8.29, 8.30
Christian Richters, 7.7, 9.39
RMJM, 2.13, 2.14, 4.48–4.50
Scala, 6.20
Paul Scott, 2.21
Frank J. Scherschel, 6.22
Hartwig Schneider 8.36, 8.37
Grant Smith, 4.1, 5.5, 6.18, 7.1
Sanaa, 9.44
Martin Spencer, 2.3, 3.6, 3.19, 4.4–4.8, 4.11, 4.12, 4.36, 4.39, 4.40, 4.60, 5.14, 6.7, 6.13–6.16, p.135, 8.6–8.9, 8.11, 9.7, 9.38, 9.47, 9.48, 10.2
Margherita Spiluttini, 4.59, 9.5
Michael Stacey, 1.11, 1.12, 2.2 (left), 3.27, 3.28, 3.33, 4.30–4.33, 4.35, 4.51, 4.54, 6.6, 6.8, 6.17, 7.6, 8.10, 8.17–8.21, 9.13,9.14, 9.19, 9.20, 10.3–10.5
Michael Stacey Architects, 3.25. 3.32, 5.7, 5.13
Tim Street-Porter, p.143 (bottom)
Schöck. 9.46, 9.49
Suffolk County Council, 3.10, 3.11, 3.26, 3.29, 3.30
Edmund Sumner, Front cover, 9.1, 9.45
Tactility Factory, 4.24, 4.25
Trent Concrete, 3.21
View, 2.11,
Carl Wallace, 4.18
Ray Weitzenberg, 1.3
Gaston Wicky, 1.7
Nick Woods, 5.15
Stephen White, 1.13
Nigel Young, 9.37

Notes:

1. The drawings included in this guide, unless stated, have been prepared for this publication.
2. SI units have been used throughout this text.
3. The author and publisher have made every effort to contact copyright holders and will be happy to correct, in subsequent editions, any errors or omissions that are brought to their attention.

著作权合同登记图字：01-2018-8268号

图书在版编目（CIP）数据

混凝土设计手册／（英）迈克尔·斯泰西著；任浩译．—北京：中国建筑工业出版社，2019．3

书名原文：Concrete：a studio design guide

ISBN 978-7-112-23188-1

Ⅰ．①混… Ⅱ．①迈… ②任… Ⅲ．①混凝土结构－结构设计－手册 Ⅳ．①TU370.4-62

中国版本图书馆CIP数据核字（2019）第010452号

Concrete: A Studio Design Guide by Michael Stacey

责任编辑：戚琳琳　段　宁
责任校对：张　颖

混凝土设计手册
［英］迈克尔·斯泰西　著
任浩　译
*
中国建筑工业出版社出版、发行（北京海淀三里河路9号）
各地新华书店、建筑书店经销
北京锋尚制版有限公司制版
天津图文方嘉印刷有限公司印刷
*
开本：889×1194毫米　1/24　印张：10⅓　字数：324千字
2019年6月第一版　2019年6月第一次印刷
定价：98.00元
ISBN 978－7－112－23188－1
（33168）